Die
deutsche Auslandshochschule

Ein Organisationsplan

Von

Prof. Dr. Paul Eltzbacher
z. Z. Rektor der Handelshochschule Berlin

Berlin 1914
Druck und Verlag von Georg Reimer

Inhalt.

Erster Abschnitt.

Ein Vorschlag.

Am 8. Februar 1914 veröffentlichte ich in der Kölnischen Zeitung folgenden Aufsatz:

Auslandsinstitute an den Handelshochschulen.

In der letzten Zeit ist der Gedanke viel erörtert worden, das an der Berliner Universität bestehende Seminar für orientalische Sprachen zu einer Auslandshochschule zu erweitern. Der Abgeordnete Erzberger hat sich im Reichstage für diesen Gedanken ausgesprochen, Professor Pohl (Greifswald) hat ihn in einer kleinen Schrift eingehend begründet. Auf der andern Seite hat man beachtenswerte Bedenken geltend gemacht, gewichtige und einflußreiche Persönlichkeiten sind gegen die Auslandshochschule, und die Aussichten für ihr Zustandekommen scheinen nicht eben groß. Es wäre aber doch zu bedauern, wenn der gute Grundgedanke verloren ginge, der in dem Vorschlag der Auslandshochschule einen vielleicht nicht ganz geeigneten Ausdruck findet.

Niemand kann verkennen, daß die Interessen Deutschlands in den letzten Jahrzehnten völlig andere geworden sind. In diesen Jahrzehnten hat sich die wirtschaftliche Verflechtung der Völker viel inniger gestaltet. Die großen Staaten haben ihr Macht- und Einflußgebiet ungemein auszudehnen gewußt. Die Wirtschaft ist immer mehr zur Weltwirtschaft, der Handel zum Welthandel, die Politik zur Weltpolitik geworden. Es ist das dauernde Verdienst unseres Kaisers, daß er diese Entwicklung rechtzeitig erkannt und das ganze Gewicht seiner kraftvollen Persönlichkeit dafür eingesetzt hat, Deutschland in dem Kampf um den Weltmarkt und die Weltherrschaft nicht in den Hintergrund drängen zu lassen.

Diese Entwicklung hat uns ungeheure Aufgaben gestellt. Der Diplomat, der Konsul, der Kaufmann müssen heute eine größere Kenntnis des Auslandes besitzen als je zuvor. Fremde Sprachen, auch die entlegener Länder, haben eine nie geahnte Bedeutung erlangt. Zugleich aber hat sich gezeigt, daß die Sprachkenntnis in der Kenntnis des Auslandes selbst und seiner rechtlichen und wirtschaftlichen Verhältnisse ihre Ergänzung finden muß. Sind wir diesen neuen Aufgaben völlig gewachsen? Man kann es nicht bejahen. Fortwährend hört man die Klagen über die ungenügende Kenntnis unserer Diplomaten und Konsuln von den Gebieten, in denen sie wirken, und wenn man auch dem Einzelnen, der, von Land zu Land versetzt, keine Zeit findet, sich irgendwo einzuleben, in der Regel keinen Vorwurf machen kann, so ist doch das Übel selbst unverkennbar. So strebt man eifrig danach, eine bessere Vorbildung für das Ausland möglich zu machen. Das Auswärtige Amt veranstaltet Kurse für seine Beamten, und in dem Bewußtsein, wie wenig solche Kurse zu leisten imstande sind, verlangt man nach einer Auslandshochschule.

An sich wäre es sehr wohl denkbar, das Seminar für orientalische Sprachen zu einer Auslandshochschule zu erweitern. Aber was würde alles dazu gehören! Um gründlich für irgend einen Teil des Auslandes vorgebildet zu sein, muß man nur nicht eine Anschauung von dem Lande und seinen Verhältnissen haben, in der Regel auch die Sprache kennen, sondern man braucht auch eine Fülle von allgemeinem Wissen. Man muß die juristischen, national- und privatökonomischen, geographischen und kolonialwissenschaftlichen Kenntnisse haben, die es erst ermöglichen, die Verhältnisse eines fremden Landes wahrhaft zu verstehen. Zu einer Auslandshochschule, die diesen Namen wirklich verdient, gehört also nicht nur ein Unterricht in den Sprachen und in den Verhältnissen des wichtigsten Länder der Erde, sondern, was nicht minder notwendig ist, in einer Fülle von allgemeinen Dingen, in Rechts-, Volkswirtschafts- und Privatwirtschaftslehre ebenso wie in Erdkunde und Kolonialwissenschaft. Der landeskundliche Oberbau muß auf einem breiten allgemeinwissenschaftlichen Unterbau ruhen. Bei dem Seminar für orientalische Sprachen fehlt der allgemeinwissenschaftliche Unterbau gegenwärtig noch fast ganz. Aber selbst der Oberbau für die einzelnen Länder ist noch äußerst unvollkommen, die wichtigsten Sprachen werden allerdings gelehrt, aber ein Unterricht in der Landeskunde findet nur für wenige, vor allem exotische Gebiete und auch für diese nur in ganz großen Zügen statt. Die Ausgestaltung des Seminars für orientalische Sprachen zu einer Auslandshochschule würde nahezu der Neuschaffung einer Auslandshochschule gleichkommen.

Es gibt gegenwärtig keine Stelle, an welcher eine genügende Ausbildung für das Ausland möglich wäre. Professor Apt hat in einem Aufsatz im Berliner Tageblatt behauptet, die Ausgestaltung des Seminars für orientalische Sprachen zu einer Auslandshochschule sei unnötig, weil die Handelshochschulen gegenwärtig bereits im wesentlichen das leisteten, was zur Vorbildung unserer Beamten und Kaufleute für das Ausland erforderlich sei. Das ist nun zwar nicht richtig, aber es enthält einen richtigen Kern. Die Handelshochschulen sind gegenwärtig noch keine geeigneten Stätten zur einer Vorbildung für das Ausland, aber sie bieten mehr als irgendwelche andere Anstalten die Möglichkeit, sie zu solchen Stätten auszugestalten.

Die Handelshochschulen haben bereits das, was bei der Ausbildung für das Ausland am wichtigsten und am schwierigsten zu beschaffen ist; den allgemeinwissenschaftlichen Unterbau. An ihnen wird Rechtswissenschaft, National- und Privatökonomie, Geographie und Kolonialwissenschaft eingehend und gründlich gelehrt. Während an den Universitäten der so wichtige privatökonomische Unterricht entweder gänzlich fehlt oder doch nur in unbedeutenden Ansätzen vorhanden ist, der nationalökonomische, juristische und geographische Unterricht ohne innern Zusammenhang in zwei verschiedenen Fakultäten für verschiedene Hörerkreise erteilt wird, ist an den Handelshochschulen der Unterricht in allen diesen Fächern sorgfältig ausgestaltet und von vorn herein auf die Erzielung einer einheitlich geschlossenen Bildung abgestellt. Die Handelshochschulen sind unsere jüngsten Hochschulen, vielleicht verdanken sie es diesem Umstande, daß sie der Verflechtung des modernen Lebens am besten gerecht zu werden vermögen. Um dem Kaufmann eine abgerundete Vorbildung für seinen Beruf zu geben, setzen sie Rechtswissenschaft,

Volks- und Privatwirtschaftslehre und Geographie mit einander in Verbindung. Diese Bildungsgrundlage des Kaufmannes ist aber zugleich die allerbeste Grundlage für jeden, der in einem fremden Lande zu wirken hat. Wessen Auge durch wissenschaftliche Schulung für das Verständnis rechtlicher, volks- und privatwirtschaftlicher und geographischer Dinge geschärft ist, der wird sich unvergleichlich leichter in den Verhältnissen eines fremden Landes zurechtfinden als der nicht so allseitig Geschulte.

Die Handelshochschulen haben aber auch schon Anfänge des *Oberbaues* der sich auf diesem Unterbau erheben muß, freilich, das muß im Gegensatz zu Professor Apt ausgesprochen werden, nur recht dürftige. Es werden Sprachkurse in den wichtigsten europäischen Sprachen gehalten. Dagegen fehlt es fast ganz an den Vorlesungen, die sich mit den Verhältnissen der verschiedenen Länder *befassen*. Hier ist Ergänzung nötig. Die Verhältnisse der für uns am meisten in Betracht kommenden Länder müssen dargestellt werden und zwar allseitig in einer Reihe von Vorlesungen, so daß Gelegenheit geboten ist, sich während eines Studiums von vier Semestern gründlich, wie mit der Sprache, so auch mit Recht, Wirtschaft und Geographie eines Landes vertraut zu machen. *Für die wichtigsten geographischen Gebiete muß ein Unterricht geboten werden, der den Aufenthalt in diesen Gebieten nicht etwa ersetzen, sondern vielmehr befördern und dessen bessere* Ausnutzung erst möglich machen soll.

Ein solcher Unterricht würde nach den verschiedensten Richtungen hin von Wert sein. Er würde es möglich machen, einen neuen Typus des Kaufmannes zu schaffen, den für ein bestimmtes geographisches Gebiet besonders vorgebildeten *Auslandskaufmann*. Gegenwärtig erhält an der Handelshochschule der junge Kaufmann eine *sachlich* charakterisierte Ausbildung, er gestaltet sein Studium so, daß er (vorbehaltlich weiterer ergänzender Studien) ganz besonders für die Tätigkeit in einem einzelnen Handelszweige befähigt ist, etwa in der Industrie oder im Warenhandel oder im Bankfach. Künftig würde auch eine *örtlich* charakterisierte Ausbildung möglich sein, der junge Kaufmann könnte sich ganz besonders für einen bestimmten Teil der Erde ausbilden. Statt sich in einen bestimmten Handelszweig einzuarbeiten, würde er sich für ein bestimmtes Erdgebiet einarbeiten, etwa für Südamerika oder Rußland oder Ostasien. Dabei würden nicht nur sprachliche Kenntnisse in Betracht kommen, sondern ganz besonders auch ein Überblick über die Geographie, die Rechtsverhältnisse, die Wirtschaftslage und die Handelsgebräuche des Gebietes. Es würde sich darum handeln, dem jungen Kaufmann eine so vollkommene theoretische Anschauung von einem Gebiet zu geben, daß er sich schon während eines kurzen Aufenthalts dort besser zurechtfinden könnte als ein anderer in Jahren und später auch vom Inlande aus den Verkehr mit jenem Gebiet sachkundig zu besorgen vermöchte. Diese Art der Ausbildung wäre durchaus vereinbar mit einer gediegenen Allgemeinbildung, sie hätte diese sogar zur Voraussetzung. Sie würde auch keine Spezialisten schaffen, deren Brauchbarkeit auf ein bestimmtes geographisches Gebiet beschränkt und deren Fortkommen deshalb erschwert wäre. So gut wie der auf der Handelshochschule ganz besonders für einen bestimmten Handelszweig ausgebildete Kaufmann vermöge seiner allgemeinen Bildung durchaus in der Lage ist, nach kurzer Weiterbildung auch in einem andern Handelszweige tätig zu sein, genau so kann der für einen bestimmten Teil der Erde ausgebildete Auslandskaufmann vermöge eben dieser Allgemeinbildung auch in anderen Erdgebieten und im Inland fruchtbare Verwendung finden.

Der ins Auge gefaßte eingehende Unterricht über bestimmte geographische Gebiete würde aber auch noch andern Kreisen zugute kommen. Der reife Kaufmann, der nicht mehr das Bedürfnis hat, durch ein Studium an der Handelshochschule sich die geistigen Grundlagen seines Berufs anzueignen, hätte die Möglichkeit, die Vorlesungen über ein Erdgebiet zu hören, mit dem er in Beziehungen steht oder in solche zu treten wünscht. Namentlich aber wäre für unsere Diplomaten, für unsere Konsuln und für die Handelssachverständigen, die wir in immer stärkerm Maße bei den Konsulaten werden anstellen müssen, endlich auch für die Seeoffiziere und andere Offiziere, die zum Auslandsdienst geschult werden sollen, eine unvergleichliche Möglichkeit der Ausbildung gegeben. Sie könnten nicht nur ihre allgemeine wissenschaftliche Ausbildung abrunden, indem etwa der Jurist volks- und privatwirtschaftliche und geographische Vorlesungen hörte, sondern es wäre ihnen auch Gelegenheit geboten, sich mit den Verhältnissen irgend eines wichtigen Erdgebietes vertraut und damit für dieses Gebiet besonders brauchbar zu machen.

Bei einer solchen Ausgestaltung des Unterrichts könnte es auch nicht ausbleiben, daß eine Bibliothek und ein Archiv entständen, welche nach Ländern geordnet das wichtigste Material über diese Länder enthielten. In der Bibliothek würde etwa die Abteilung Rußland die wichtigsten Werke über das Recht, die Wirtschaft und die Geographie dieses Landes und die besten Hilfsmittel zum Studium seiner Sprache enthalten, während die gleiche Abteilung des Archivs ein möglichst reichhaltiges Material in Gestalt von Zeitungsausschnitten, Konsular- und Gesellschaftsberichten und sonstigen Tatsachen vereinigen müßte.

Um dies alles zu erreichen und die Handelshochschulen zu geeigneten Stätten der Vorbildung für das Ausland zu entwickeln, bedürfte es bedeutender neuer Einrichtungen. Der allgemeinwissenschaftliche Unterricht wäre allerdings nur in wenigen Beziehungen zu ergänzen. Dem Lehrplan wären noch einige Vorlesungen einzugliedern, die von hohem Standpunkte aus die großen Zusammenhänge politischer, wirtschaftlicher, rechtlicher und kultureller Art darlegten, wie sie heute mehr als je zuvor das Leben der Völker beherrschen und ihre Geschicke beeinflussen. Man hätte Vorlesungen im großen Stil über Weltpolitik, Weltwirtschaft und Völkerrecht zu veranstalten und für sie eine Kraft ersten Ranges zu gewinnen. Dagegen müßte für das Studium der einzelnen Länder fast alles neu geschaffen werden.

Es wären Auslandsinstitute zu errichten, die den gegenwärtig für die verschiedenen Fächer bestehenden Seminaren entsprächen und in denen das Studium der wichtigsten Erdgebiete zentralisiert wäre. Im Anfang würde man sich freilich wohl begnügen, solche Auslandsinstitute nur für die Gebiete einzurichten, mit denen Deutschland in besonders lebhaften Beziehungen steht, etwa für das deutsche Kolonialreich, England und seine Kolonien, die Vereinigten Staaten, das spanische Südamerika, Rußland, das islamitische Vorderasien und Ostasien. In diesen Instituten müßten sowohl Sprachkurse gehalten werden als Vorlesungen über die geographischen, rechtlichen, volks- und privatwirtschaftlichen Verhältnisse. Für jedes Erdgebiet müßten besondere Dozenten angestellt werden, zunächst würde man sich freilich für jedes wohl mit einem Dozenten begnügen, der die Verhältnisse des Gebietes allseitig zu behandeln hätte. Er müßte etwa fünf Stunden die Woche über das Gebiet vortragen und mit dem Gegenstand seiner Vorlesungen wechseln, sodaß er im Laufe von vier Semestern vier verschiedene Vorlesungen hielte, die in beliebiger Reihenfolge gehört werden könnten und zusammen einen geschlossenen Überblick über die Verhältnisse des Gebietes gäben. Persönlichkeiten, die zu solch allseitiger Behandlung eines Gebiets die Fähigkeit haben, sind selten, aber man wird sie gewinnen können. Es gibt bei uns in Deutschland eine ganze Anzahl von Männern, die mit guter Vorbildung ausgerüstet in langjährigem Aufenthalt sich eine geistig verarbeitete Kenntnis wichtiger Erdgebiete erworben haben. Solchen Männern fehlt es bei uns vielfach an der Möglichkeit, den Schatz ihres Wissens zu verwerten, die Universitäten stellen ihnen keine Lehrstühle zur Verfügung, und selbst ihre Zulassung als Privatdozent ist vielfach durch Äußerlichkeiten, etwa das Fehlen der Doktorwürde, gehindert. In den Auslandsinstituten der Handelshochschulen wäre die Möglichkeit gegeben, *diese kostbaren, gegenwärtig brach liegenden Kräfte für die deutsche Volkswohlfahrt nutzbar zu machen.*

Wer sich durch ein Studium an der Handelshochschule für ein Gebiet des Auslandes vorbilden wollte, sei es nun als Kaufmann oder Handelssachverständiger oder Konsul, hätte während der ordnungsmäßigen Studienzeit von vier Semestern in einem dieser Auslandsinstitute etwa fünf Vorlesungen die Woche zu hören. Dazu müßte, soweit er die Sprache nicht außerhalb der Hochschule gelernt hat, noch die Teilnahme an Sprachkursen in demselben Institut hinzutreten. Bei der Ausbildung für das islamitische Vorderasien und für Ostasien würde sich, wenn auch eine gute sprachliche Vorbildung erstrebt würde, die Studienzeit um zwei bis vier Semester verlängern müssen. Bei der Diplomprüfung, die den Abschluß des Studiums an der Handelshochschule bildet, würde die Kenntnis des in Betracht kommenden Erdgebietes eines der vier Prüfungsfächer und zwar in der Regel Hauptfach sein. Der Student würde als erstes Hauptfach etwa Sprache und Kultur des spanischen Südamerika, als zweites Hauptfach Privatwirtschaftslehre und als Nebenfächer Volkswirtschaftslehre und Rechtswissenschaft wählen.

Außer den immatrikulierten Studenten würden auch reifere Persönlichkeiten, deren Immatrikulation nicht mehr in Frage kommen kann, als Hospitanten der Handelshochschule in den Auslandsinstituten Belehrung finden. Selbständige Kaufleute, Diplomaten, Konsuln, Seeoffiziere und Offiziere könnten sich durch Hören von Vorlesungen über ein Erdgebiet unterrichten, mit dem sie zu tun haben, oder sich durch die Teilnahme an Kursen in dessen Sprache vervollkommen. Die Bibliothek und das Archiv der Institute müßten jedem ernstlich Interessierten offen stehen, und wo diese Hilfsmittel nicht ausreichten, müßte sachverständiger Rat zur Verfügung sein. Die Auslandsinstitute der Handelshochschulen würden sich in kurzer Zeit ganz von selbst zu Stellen auswachsen, die mit reichstem Material ausgestattet alle möglichen Anfragen aus der Praxis zu beantworten in der Lage wären, und namentlich dem Kaufmann schneller und williger die gewünschte Auskunft erteilten als die so vielfach belasteten staatlichen Behörden.

Es ist nicht zu bezweifeln, bessere Vorbildung für das Ausland ist ein dringendes Bedürfnis. Um sie zu gewähren, wäre die vorgeschlagene Auslandshochschule gewiß geeignet, aber eine solche Ausgestaltung des Seminars für orientalische Sprachen ist nur schwer zu verwirklichen, weil das Wichtigste, der allgemeinwissenschaftliche Unterbau, erst aus dem Nichts geschaffen werden müßte. Ungleich leichter ist das Ziel zu erreichen durch Ausgestaltung der Handelshochschulen, die den Unterbau bereits haben und bei denen es sich nur darum handelt, im Anschluß an die bestehenden Sprachkurse Auslandsinstitute für die wichtigsten Erdgebiete zu schaffen. Damit eröffnet sich aber zugleich für die Handelshochschulen ein gewaltiges Arbeits- und Forschungsgebiet. Gegenwärtig leiden die Handelshochschulen an einer gewissen Begrenztheit ihrer Aufgaben. Die Einrichtung von Auslandsinstituten würde für sie ganz neue Entwicklungsmöglichkeiten schaffen. Man kann sich eine Zukunft vorstellen, in welcher die Handelshochschulen mit zahlreichen

Dozenten für die verschiedensten Erdgebiete, mit Bibliotheken und Archiven über diese, in mächtigen Gebäudekomplexen untergebracht, einen ähnlichen Anblick darböten wie gegenwärtig die technischen Hochschulen mit ihren Versuchsanstalten, Laboratorien und Sammlungen.

Die Errichtung von Auslandsinstituten würde ein gewaltiger Schritt vorwärts in der Entwicklung der Handelshochschulen sein. Aber auch die Kosten wären groß. Deshalb lege ich meine Gedanken zunächst der Öffentlichkeit vor. Von der Aufnahme, die sie finden, wird es abhängen, ob man ihrer Verwirklichung näher treten kann.

Zweiter Abschnitt.

Äußerungen.

Meinen Aufsatz habe ich einer Reihe von führenden Persönlichkeiten unseres Wirtschaftslebens zur Prüfung übersandt. Es ist mir eine große Anzahl von Äußerungen zugegangen. In ihnen überwiegt bei weitem die entschiedene Zustimmung zu meinem Plane, eine kleinere Anzahl von Briefschreibern stimmt ihm nur mit Einschränkungen zu, nur ganz wenige lehnen ihn ab.

Die an mich gelangten Äußerungen enthalten eine Fülle von Anregung. Es würde ermüden, wenn ich sie alle wiedergeben wollte. Immerhin möchte ich wenigstens diejenigen Schreiben mitteilen, die durch die Persönlichkeit der Absender oder durch die in ihnen enthaltenen Gedanken von besonderem Werte sind. Selbstverständlich bringe ich nicht nur die Schreiben, die meinem Plane zustimmen, sondern auch die, die sich ihm gegenüber bedenklich oder gar ablehnend verhalten.

Die **Handelskammer zu Bielefeld** schreibt:

„Auf Ihr gefälliges Schreiben vom 12. Februar 1914 teilen wir Ihnen ergebenst mit, daß wir uns in unserer letzten Sitzung mit Ihrem Aufsatze ‚Auslandsinstitute an den Handelshochschulen' beschäftigt haben. Wir halten die von Ihnen gegebene Anregung, Einrichtungen zu schaffen, durch welche der deutsche Kaufmann mehr als bisher über die Verhältnisse des Auslandes unterrichtet wird, für sehr wünschenswert. Über die zweckmäßigste Art der Ausführung dieses Gedankens sind wir jedoch nicht in der Lage, ein Gutachten abzugeben."

Die Handelskammer zu Chemnitz:

„Der uns gefälligst übersandte Artikel ‚Auslandsinstitute an den Handelshochschulen' in der Kölnischen Zeitung vom 8. Februar d. J., von dessen Inhalt wir mit Interesse Kenntnis genommen haben, ist bei den Mitgliedern unseres für kaufmännisches Unterrichtswesen zuständigen Ausschusses in Umlauf gesetzt worden. Dabei ist von allen Seiten dem Grundgedanken des Artikels zugestimmt und ein Ausbau der Handelshochschulen in der gedachten Richtung als sehr erwägenswert erachtet worden. Insbesondere wäre es sehr zu begrüßen, wenn durch die vorgeschlagene Erweiterung der Handelshochschulen die Beamten unseres auswärtigen Dienstes durch entsprechende Vorbildung instand gesetzt werden könnten, sich in die Verhältnisse der betreffenden Länder rascher und gründlicher einzuarbeiten und die deutschen Interessen in noch ganz anderem Maße als bisher wahrzunehmen, so daß die nicht verstummenden Klagen in diesem Punkt aus Industrie- und Handelskreisen aufhören würden. So wünschenswert hiernach auch eine weitere Verfolgung und allseitige Unterstützung Ihrer Bestrebungen erscheint, so möchten wir gleichzeitig doch nicht das Bedenken unausgesprochen lassen, ob sich, bei dem ohnehin so umfangreichen und vielseitigen Arbeitsstoff des kurzen Handelshochschulstudiums, der Gedanke der Auslandsinstitute im Rahmen des regelmäßigen Studienganges wird verwirklichen lassen, ohne daß dadurch die Gewinnung der erforderlichen allgemeinen theoretischen Grundlagen für die Studierenden beeinträchtigt und durch zu früh eintretende Spezialisation die Erreichung des allgemeinen Studienzieles gefährdet wird[1]). Die Verlängerung des Studiums um ein oder mehrere Semester würde aber wiederum für die studierenden Kaufleute eine weitere Verspätung ihres Eintritts bzw. Wiedereintritts in die Praxis bedeuten." [2])

Die Handelskammer zu Cottbus:

„Euer Hochwohlgeboren teilen wir auf die Anfrage vom 12. Februar d. J. ergebenst mit, daß wir den uns übersandten Ausführungen

[1]) Über diesen Gedanken siehe S. 62—63, 73—74, 85—87.

[2]) Über diesen Gedanken siehe S. 94, 116—117.

über die Angliederung der geplanten Auslandsinstitute an Handelshochschulen durchaus beistimmen können.

Die Verbindung von Handelshochschulen und Auslandsinstituten hat gegenüber einer Angliederung des Auslandsinstitutes an das orientalische Seminar vor allen Dingen den großen Vorteil, daß die im Auslandsinstitut gewährten Bildungsmöglichkeiten den studierenden Kaufleuten mit zur Verfügung stehen, während den Beamten, die das Auslandsinstitut besuchen, durch die Angliederung an die Handelshochschulen gleichzeitig die Möglichkeit geboten wird, sich auf allgemeinen volkswirtschaftlichen Gebieten Kenntnisse zu verschaffen.

Es dürfte unseres Erachtens zu erwägen sein, ob durch eine Art Arbeitsteilung die in Deutschland vorhandenen Handelshochschulen sich zu Spezialinstituten für bestimmte Auslandsgebiete herausbilden können" [1]).

Das **Vorsteheramt der Kaufmannschaft zu Danzig:**

„Ihre in dem übersandten Aufsatz gegebenen Anregungen stellen eine Reihe bedeutsamer Forderungen dar, deren Erfüllung im Interesse der Gesamtheit nur mit Freude begrüßt werden könnte. Wenn die nötigen materiellen Mittel zur Verfügung stünden, um eine oder gar mehrere Handelshochschulen zu Auslandshochschulen auszubauen, so würde allerdings die Sorge um die geeigneten Lehrkräfte u. E. nicht so leicht zu beseitigen sein [2]). Freilich mögen unter den nach langjähriger Abwesenheit aus dem Auslande Zurückgekehrten viele sein, deren reiche Erfahrung über Land und Leute eventuelle Fingerzeige geben könnte, aber ob unter diesen Zurückgekehrten sich Lehrkräfte finden, die überhaupt ihr Wissen darzustellen verstehen und deren Eigenart die Studierenden fesseln würde, erscheint uns zweifelhaft. Zweifelhaft ist auch, ob die supponierten Kenner und Lehrer nach langem Aufenthalt in der Welt und nach so langer Gewöhnung an Freiheit des Handelns geneigt sein werden, sich gleichsam als Beamte einem zusammengesetzten Körper einzu-

[1]) Über diesen Gedanken siehe S. 107

[2]) Über diesen Gedanken siehe S. 84.

fügen [1]). Es wäre jedenfalls ein besonderer Glückszufall, wenn es gelänge, Lehrkräfte von der erforderlichen Qualität an eine Hochschule zu fesseln, zumal doch diese Lehrkräfte erst in späten Jahren den ihnen bis dahin neuen Beruf ergreifen sollen.

Was die Lernenden betrifft, so werden u. E. die jungen Kaufleute, die erst ins Ausland gehen wollen, nur einen ganz verschwindenden Bruchteil der Hörer an der Auslandshochschule bilden. Für sie gilt es zunächst, selbst Anschauung zu gewinnen; die Lust, ein Stück Welt zu sehen und dort seine Jugendkräfte zu erproben, kann und soll u. E. nicht zurückgedämmt werden mit dem Hinweis, daß sich alles viel besser genießen lasse, wenn man die Geographie, Volkswirtschaft und Politik eines Landes kenne [2]). Der Wert der Auslandshochschulen wird aber nicht herabgesetzt, wenn sich ihre Wirkungen auf die andern von Ihnen genannten Kategorien beschränken, insbesondere auf die Personen, welche sich der Konsulatslaufbahn widmen.

Hiernach können wir im Grundsatze Ihren Vorschlägen zustimmen."

Die **Handelskammer zu Elberfeld** übersendet Auszug aus einem Sitzungsprotokoll:

„Der Referent hält die Anregung des Professors Eltzbacher im Interesse des deutschen Exporthandels für sehr begrüßenswert und bittet die Kammer, durch geeignete Maßnahmen dazu beizutragen, daß der angeregte Plan möglichst bald verwirklicht wird.

Dieser Auffassung stimmt die Kammer grundsätzlich zu, jedoch glaubt sie, daß die von Eltzbacher vorgeschlagene Nichtausnutzung des mit vielen Kosten ins Leben gerufenen und hervorragende Leistungen in sprachlicher Hinsicht aufweisenden orientalischen Seminars für die Zwecke des deutschen Außenhandels und die jedenfalls kostspielige Neugründung von Auslandsinstituten an den Handelshochschulen unzweckmäßig ist [3]). Vielmehr ist sie der Ansicht, daß schon durch

[1]) Hierüber siehe S. 115
[2]) Hierüber siehe S. 66.
[3]) Über diesen Gedanken siehe S. 70.

eine geeignete Verbindung der Handelshochschule mit dem orientalischen Seminar in dem Sinne, daß dem Studierenden der einen Hochschule das gleichzeitige Studium an der anderen Hochschule gestattet wird, und einen gewissen Ausbau der Handelshochschule eine unter den herrschenden Verhältnissen befriedigende Lösung der Frage erzielt werden kann, die insbesondere den Vorzug hat, daß sie nicht mit zu hohen Kosten verknüpft ist[1]). Die Erfahrungen mit einer derartigen Verbindung zweier Hochschulen würden alsdann als geeignete Grundlagen für etwaige Änderungen verwertet werden können. Die Kammer beschließt, ihr Gutachten in diesem Sinne abzugeben."

Die **Handelskammer zu Frankfurt a. M.** schreibt:

„Von Ihrem uns freundlichst übersandten Aufsatz ‚Auslandsinstitute an den Handelshochschulen' haben wir mit großem Interesse Kenntnis genommen. Wenn wir auch mit dem Grundgedanken Ihres Vorschlages durchaus einverstanden sind, so erscheint uns bei den großen Kosten der Einrichtung[2]) und bei der Schwierigkeit hervorragende Spezialisten für die einzelnen Fächer zu erhalten[3]), doch zweifelhaft, ob an sämtlichen deutschen Hochschulen derartige Institute errichtet werden können, und ob nicht vielleicht ein einziges Institut für ganz Deutschland vorzuziehen wäre, für das die Kosten dann aus Staatsmitteln aufgebracht werden müßten" [4]).

Die **Handelskammer zu Hannover** übersendet Auszug aus einem Sitzungsprotokoll:

„Der Kammer ist ein Aufsatz der Kölnischen Zeitung, verfaßt von Professor Dr. Eltzbacher, über ‚Auslandsinstitute an den Handelshochschulen' durch den Verfasser eingesandt mit der

[1]) Über diesen Gedanken siehe S. 90.

[2]) Hierüber siehe S. 110—111, 119—121.

[3]) Hierüber siehe S. 84.

[4]) Über diesen Gedanken siehe S. 111.

Bitte, zu den darin behandelten Fragen Stellung zu nehmen. Es handelt sich dabei wesentlich darum, ob das an der berliner Universität bestehende Seminar für orientalische Sprachen zu einer Auslandshochschule erweitert werden soll, oder ob Auslandsinstitute an den Handelshochschulen begründet werden sollen. Das Wesen der Auslandsinstitute soll sein, für Kaufleute, Diplomaten usw. eine Kenntnis des Auslandes und seiner Eigenarten zu verschaffen. Professor Eltzbacher ist der Ansicht, daß es für die Wirksamkeit der Auslandsinstitute wesentlich besser wäre, wenn sie den Handelshochschulen angeschlossen würden, denn zu einer Auslandshochschule gehöre nicht nur Unterricht in den Sprachen und den Verhältnissen der wichtigsten Länder der Erde, sondern Unterricht in einer Fülle von allgemeinen Dingen, Volkswirtschafts- und Privatwirtschaftslehre, ebenso wie in Erdkunde und Kommunalwissenschaften. Bei dem Seminar für orientalische Sprachen fehle dieser allgemeine wirtschaftliche Unterbau noch fast ganz, und die Ausgestaltung des Seminars zu einer Auslandshochschule würde nahezu der Neugründung einer Auslandshochschule gleichkommen. Professor Eltzbacher ist daher der Ansicht, daß nicht Auslandshochschulen, sondern Auslandsinstitute an Handelshochschulen begründet werden sollen, da hier der allgemeine wirtschaftliche Unterbau vorhanden wäre. Es wird beschlossen, Professor Eltzbacher mitzuteilen, daß die Handelskammer auf die Prüfung seiner Vorschläge eingegangen sei und ihnen zustimme."

Die **Handels- und Gewerbekammer zu Sonneberg, S.-M.** schreibt:

„Die Handels- und Gewerbekammer erkennt es als durchaus zutreffend an, daß die immer innigere Verflechtung mit der Weltwirtschaft den für den Verkehr mit dem Auslande beruflich tätigen Kaufmann wie den zur Pflege der wirtschaftlichen Beziehungen zwischen Mutterland und Ausland amtlich bestellten Konsul oder Handelssachverständigen vor fortgesetzt sich steigernde und mehrende Aufgaben stellt und daß das Reich eine besondere Aufmerksamkeit darauf zu lenken hat, geeignete Ausbildungsmöglichkeiten für diese neuen Aufgaben zu schaffen. Und da erscheint es auch uns, da die

Handelshochschulen in ihren Lehrplänen den für die Ausbildung für Auslandsbetätigung in Frage kommenden Anforderungen zweifellos am nächsten kommen, angezeigt, an diese Einrichtungen sich anzulehnen. Ein Einblick in die Verzeichnisse der Vorlesungen und Übungen der Handelshochschulen über wirtschaftsgeographische und wirtschaftsgeschichtliche, volkswirtschaftliche und kolonialwissenschaftliche Stoffe sowie nach der sprachlichen Seite hin bestätigt unsere Auffassung. Aber auch wir möchten der Ansicht zuneigen, daß die Handelshochschulen heute noch kaum diejenigen Einrichtungen darstellen, welche für die Ziele einer Auslandshochschule vorschweben [1]). Es würde sich vielmehr darum handeln, auf der Grundlage der Handelshochschulen die weitere Ausgestaltung vorzunehmen; freilich würde ohne sehr erhebliche Aufwendungen [2]) eine ihrem Zweck vollkommen gerecht werdende Einrichtung nicht zu erzielen sein. Ob an die Erweiterung des an der Berliner Universität bestehenden Seminars für orientalische Sprachen zu einer Auslandshochschule zweckmäßiger zu denken sein wird, entzieht sich unserer Beurteilung.

Für das wichtige Institut der Handelssachverständigen, dessen baldiger weiterer Ausbau uns unerläßlich erscheint, würde eine Fortbildungsmöglichkeit, wie sie in der Auslandshochschule geschaffen werden könnte, besonders wertvoll sein, als eine Hauptvoraussetzung für das ersprießliche Wirken solcher Beamten tritt aber — und diesem Umstande wird seither u. E. nicht genügend Rechnung getragen — hinzu, daß den Handelssachverständigen nicht territorial zu umfangreiche Amtsbezirke im Auslande zugewiesen werden und daß sie durch hinlänglich langes Verweilen an der gleichen Stelle [3]) Gelegenheit zu gründlichem Einblick in das Wirtschaftsleben ihrer Amtsbezirke erhalten und damit diejenigen Kenntnisse und Erfahrungen sich anzueignen in der Lage sind, welche sie, für ihre hohen Aufgaben, wertvolle Berater der heimischen Volkswirtschaft zu sein, erst voll befähigen können."

---

[1]) Hierüber siehe S. 106—107, 109—110.

[2]) Hierüber siehe S. 110—111, 119—121.

[3]) Hierüber siehe S. 62.

Die Handelskammer zu Sorau:

„Die Erfahrungen, welche maßgebende Kaufleute unseres Bezirks mit ihren Söhnen an den Handelshochschulen gemacht haben, haben zu dem Urteil geführt, daß die Handelshochschulen in der Hauptsache auf die Bedürfnisse der Ausbildung von Lehrern und andern Theoretikern zugeschnitten sind. Für die Praxis eignet sich nach dem übereinstimmenden Urteil der in Betracht kommenden Herren der Unterricht an der Handelshochschule ebensowenig oder ebensosehr wie der an der Universität. Wir sind daher der Meinung, daß immer noch die praktische Arbeit im Berufe die beste Ausbildungsgelegenheit bildet[1]), und glauben, daß die wünschenswerten Geistesgaben und Charakteranlagen in Verbindung mit einiger Kenntnis und Anlage für Sprachen das beste Handwerkszeug für erfolgreiche Arbeit im Auslande darstellen."

Generalkonsul Kommerzienrat **Eduard Beit von Speyer** in Frankfurt a. M.:

„Ich empfing gestern Ihr geehrtes Schreiben vom 12. d. Mts. sowie den Aufsatz über die Ausgestaltung der Handelshochschulen, den ich mit großem Interesse gelesen habe.

In einer Reihe von Ländern werden heute energische Anstrengungen gemacht, um den heranwachsenden Kaufleuten, Konsularbeamten usw. eine bessere Vorbildung für ihren Lebensberuf zu geben, als dies bisher der Fall war. Es ist sicherlich ein Defekt einer immerhin noch sehr großen Zahl Deutscher, die Kaufleute werden wollen, daß sie für ihr Fach keine theoretische Ausbildung vor dem Beginn der praktischen Tätigkeit in ihrem Beruf erhalten. Dies ist zwar seit langem eingesehen und hat zur Vermehrung von Handelsschulen und Handelshochschulen geführt, aber sie werden entweder noch nicht in genügendem Maße in Anspruch genommen, oder ihre Zahl ist nicht hinreichend. Ob ersteres oder letzteres richtig ist, entzieht sich meiner Beurteilung.

---

[1]) Hierüber siehe S. 66.

‚Es ist auch nicht zu bezweifeln‘, wie Sie schreiben, ‚daß eine bessere Vorbildung für das Ausland ein dringendes Bedürfnis ist‘. Ich stimme darin mit Ihnen vollkommen überein, besonders im Hinblick auf die Anstrengungen, die in manchen Ländern gerade nach dieser Richtung hin gemacht werden.

Ob es nun zweckmäßig ist, das an der berliner Universität bestehende Seminar für orientalische Sprachen zu einer Auslandshochschule zu erweitern, vermag ich nicht zu beurteilen, da ich die Struktur des Seminars nicht kenne. Wenn ich aber annehme, daß dieses ein rein wissenschaftliches Institut für Sprachstudien ist, so glaube ich mit Ihnen, daß sich die Auslandshochschule besser an Handelshochschulen angliedern würde. Außerdem ist das berliner Seminar nur ein einziges Institut, während Ihr Plan, wenn ich ihn richtig erfasse, mit Recht von der Ansicht ausgeht, daß in Deutschland eine größere Anzahl derartiger Auslandshochschulen erforderlich ist, selbst wenn man der Kosten wegen und um Erfahrungen zu sammeln, mit nur einer derartigen Schule begänne [1]).

Die Gründe, weswegen es heute bei dem intensiv gesteigerten Wettbewerb der Nationen auf kommerziellem Gebiet mehr denn je wünschenswert ist, unseren Kaufleuten eine theoretische Ausbildung zu Anfang ihrer Karriere zu geben, ist so in die Augen springend und außerdem in Ihrem Artikel so eingehend begründet worden, daß ich mich darüber wohl nicht weiter auszulassen brauche.

Unterstreichen möchte ich sodann den Gedanken, den auch Sie erwähnen, nämlich daß sich eine Reihe von Männern in Deutschland befinden, die als Lehrer an diesen Auslandshochschulen ausgezeichnete Dienste zu leisten imstande sein würden, vor allem Herren, die jahrelang im Konsular- oder diplomatischen Dienst gestanden und sich dann nach Deutschland zurückgezogen haben. Diese Herren haben doch vermutlich, wie Sie sagen, ‚eine geistig verarbeitete Kenntnis wichtiger Erdgebiete‘, und zwar eine in der Praxis erworbene Kenntnis, wie sie das fast ausschließlich theoretische Studium des berufsmäßigen Dozenten nur in den seltensten Fällen besitzen kann. Auch dürfte ein Lehrstuhl an einer Auslandshochschule für einen Herrn, der viele Jahre in fremden Ländern im Konsular- oder diplomatischen

[1]) Hierüber siehe S. 107.

Dienst verbracht hat, einen großen Anreiz bieten und durch die Transferierung dieser Herren in das deutsche Heimatland zu einer Verjüngung der Kräfte des Konsularkorps führen.

Es ist natürlich nicht zu verkennen, daß eine ‚örtlich charakterisierte Ausbildung‘ zuweilen eine gewisse Einseitigkeit hervorrufen wird, die retardierend auf das Fortkommen des Betreffenden wirken mag, wenn er in ein ganz anderes geographisches Gebiet verschlagen wird [1]). Aber er wird sich immer noch rascher anpassen und Leistungen zeigen, als wenn er gar keine Auslandshochschule besucht hätte. Und daß er zu einer Abwanderung in ein entfernt geographisches Gebiet gezwungen wird, dürfte selten sein, da er größere Chancen auf Anstellung in dem Gebiet haben müßte, für das er eine besondere Vorbereitung genossen hat.

Aus allen diesen Gründen würde ich die Ausführung Ihrer Ideen für äußerst nützlich und wünschenswert halten.“

Geheimer Kommerzienrat **Conrad von Borsig** in Berlin-Tegel:

„Ich danke Ihnen verbindlichst für Ihren freundlichen Brief vom 12. d. Mts. nebst einem Aufsatz aus der Könischen Zeitung über Auslandsinstitute an Handelshochschulen.

Wie Ihnen vielleicht bekannt, geht durch die ganze Literatur augenblicklich eine Bewegung, um den Deutschen den Auslandshandel und das Ausland näherzubringen. Die in letzter Zeit gegründeten und in Gründung begriffenen sogenannten Wirtschaftsverbände bezwecken zum Teil etwas Ähnliches. Unter der Ägide von Herrn Generaldirektor Ballin, dem Zentralverband Deutscher Industrieller und dem Bund der Industriellen soll eine Gesellschaft für Auslandshandel gegründet werden. Herr Professor Harms in Kiel beabsichtigt, an der kieler Universität ein Institut für Auslandshandel zu errichten, und die aachener und andere technischen Hochschulen beschäftigen sich eingehend mit der Frage, in welcher Weise den ausländischen Ingenieuren eine besondere Heimstätte an ihren Hochschulen geschaffen werden kann. Ich möchte sagen, es ist fast

---

[1]) Hierüber siehe S. 62—63, 73—74, 85—87.

wie ein Fieber, das alle ergriffen hat, das aber in bezug auf seine Ziele meiner Meinung nach zu weit geht.

Meine Ansicht möchte ich in folgenden kurzen Sätzen zusammenfassen:

‚Der Kaufmann sollte vorwiegend praktisch ausgebildet sein. Eine Hochschulbildung soll zu seiner höheren Bildung und zur Vertiefung seines Wissens dienen. — Durch die allzu große theoretische Ausbildung wird leicht der Wert der Praxis, ohne die beim Kaufmann nicht auszukommen ist, heruntergedrückt. — Theoretische Auslandskenntnisse werden immer nur einen Wert von geringerer Bedeutung haben als praktische Kenntnisse. Nur ein jahrelanger Aufenthalt in den betreffenden Ländern macht den Kaufmann mit den Verhältnissen vertraut und läßt ihn ein wirkliches Urteil über die einschlägigen Verhältnisse gewinnen.‘

Es ist schon heute enorm schwierig, Persönlichkeiten zu finden, die den Auslandsmarkt beherrschen, und zwar weil es ihnen meistens an der nötigen Praxis fehlt. Eine Änderung wird hierin das von Ihnen beabsichtigte Institut kaum herbeiführen [1]).

Ein anderer Punkt, der mich gegen Ihre Vorschläge einnimmt, ist dieser: Die meisten jungen Kaufleute sind aufs Verdienen angewiesen. Sie machen eine dreijährige Lehrzeit durch und müssen dann in einzelnen Fällen mehrere Semester eine Handelshochschule besuchen. Wenn nun das Studium noch ausgedehnt wird, wird die verdienstlose Zeit verlängert [2]).

Wir kommen dann mit dem kaufmännischen Berufe in die Verhältnisse, wie sie in anderen Berufen vorhanden sind, die ein sechsjähriges [3]) Studium an der Universität mindestens benötigen. Im kaufmännischen Berufe werden aber, viel mehr als in anderen Berufen, eine große Zahl von Hilfskräften, die sich mit einfacher Arbeit begnügen müssen, gebraucht. Diese Arbeit muß auch geleistet werden. Es besteht die Gefahr der Überbildung und des Mangels an guten geeigneten Hilfskräften, ohne die nun einmal der kaufmännische

[1]) Hierüber siehe S. 64—65.

[2]) Hierüber siehe S. 94—95, 116.

[3]) Soll wohl heißen sechssemestriges.

Beruf nicht bestehen kann. Ein fleißiger und tüchtiger Kaufmann wird im Auslande alle die Gebiete, welche auf einer Auslandshochschule gelehrt werden könnten, aus dem blühenden Leben lernen und damit viel schneller an Hand der Praxis sich die nötigen Kenntnisse verschaffen können [1]).

Ich glaube, der Schuh drückt uns bezüglich des Außenhandels an ganz anderer Stelle. Es ist hauptsächlich das mangelnde Ansehen, das wir im Auslande in der Öffentlichkeit besitzen infolge der Jugend des Deutschen Reiches und der kurzen Spanne Zeit, seitdem wirklich ein deutscher Außenhandel besteht. Unsere Konkurrenzländer, wie England, haben das uns voraus, daß sie alte, mächtige Kulturnationen sind. Jedes von ihnen hat, wenn man sich so ausdrücken darf, seinen Kulturfaktor: England seine starke Flotte, sein in fast allen Ländern in großem Umfange investiertes Kapital; Frankreich seine alte Kultur und sein großes Kapital; Amerika seine wirtschaftlichen Kräfte und praktischen Geschäftsmethoden. Deutschland kann meiner Meinung nach nur durch sämtliche Mittel, die die anderen Nationen anwenden, durch die Vertiefung dieser Methoden, seinen Platz an der Sonne erhalten [2]). Deutschland hat weder zu erwarten, daß in den nächsten 10 Jahren derartige Summen frei werden, um finanzielle Beteiligungen im Auslande im Umfange der Engländer oder Franzosen zu ermöglichen. Deutschland wird kaum den Ruhm, den die französische Kultur im Auslande hat, in wenigen Jahren mit der seinen erlangen. Seine Macht liegt zum großen Teil in den Personen, die im Auslande für Deutschland tätig sind [3]).

Es muß versucht werden, durch einen richtigen Nachrichtendienst, durch Propaganda und durch Heraussendung von tüchtigen Menschen gleiche Erfolge, wie die anderen Nationen sie erreicht haben, zu erringen."

---

[1]) Hierüber siehe S. 66.

[2]) Hierüber siehe S. 61.

[3]) Über diesen Gedanken siehe S. 63, 65.

Geheimer Kommerzienrat **Oskar Caro** auf Schloß Paulinum bei Hirschberg in Schlesien:

„Ew. Hochwohlgeboren danke ich verbindlichst für Übersendung der in der Kölnischen Zeitung veröffentlichten Abhandlung betreffend Auslandsinstitute an den Handelshochschulen. Ich habe von den interessanten und bedeutungsvollen Darlegungen Kenntnis genommen und würde es im Interesse des deutschen Wirtschaftslebens freudig begrüßen, wenn den seitens Ew. Hochwohlgeboren gegebenen Anregungen Folge gegeben werden würde."

Geheimer Kommerzienrat **Jakob Dannenbaum**, Direktor der Preußischen Pfandbriefbank, in Berlin:

„Für die freundliche Übersendung Ihres in der Kölnischen Zeitung veröffentlichten Aufsatzes über ‚Auslandsinstitute an den Handelshochschulen', den ich mit großem Interesse gelesen habe, sage ich Ihnen besten Dank.

Es kann keinem Zweifel unterliegen, daß die Schaffung von Instituten, welche die Heranbildung von ‚Auslandskaufleuten' zur Aufgabe haben, für unser Wirtschaftsleben von Bedeutung ist, denn eine gründliche theoretische Ausbildung neben der praktischen wird dem deutschen Auslandskaufmann bei dem immer schärfer werdenden Konkurrenzkampf auf dem Weltmarkt stets von Nutzen sein. Auch will mir die von Ihnen vorgeschlagene Angliederung dieser Institute an die Handelshochschulen richtig erscheinen.

Es ist zu wünschen, daß Ihre überzeugenden Darlegungen bei den maßgebenden Stellen volles Verständnis finden."

Konsul Dr. jur. **Eduard von Eichborn** in Breslau:

„Ew. Hochwohlgeboren geehrtes Schreiben vom 12. d. Mts. nebst dem in der Kölnischen Zeitung erschienenen Artikel habe ich dankend erhalten und von Ihren Ausführungen mit großem Interesse Kenntnis genommen.

Ohne auf die Frage Ausbau des orientalischen Instituts oder der bestehenden, speziell der berliner Handelshochschule einzugehen, da die Beantwortung dieser Frage nur von praktischen und finanziellen Erwägungen aus erfolgen kann, für die ich mich unzuständig fühle, möchte ich mich in der Beantwortung Ihres geehrten Schreibens lediglich auf die Frage beschränken, ob eine bessere Vorbildung für den Auslandsverkehr für unsere Diplomatie usw. einerseits und den praktischen Kaufmann andererseits wünschenswert erscheint.

Nach Ihren eingehenden und erschöpfenden Ausführungen kann die Antwort hierauf nur in einem unbeschränkten ‚Ja' lauten. Es ist unzweifelhaft richtig, daß zurzeit die Vorbereitung für die von Ihnen gekennzeichnete Tätigkeit in Diplomatie und Handel in der Hauptsache auf eine Erlernung der Sprache des Auslandes sich beschränkt und die Erwerbung der weiteren Kenntnis des Auslandes selbst, seiner rechtlichen und wirtschaftlichen Verhältnisse, der praktischen Ausbildung vorbehalten bleibt. Hiermit geht sicher viel kostbare Zeit verloren und wird, da der einzelne nicht von den Erfahrungen der anderen profitieren kann, viel Arbeit unnütz aufgewendet werden müssen, abgesehen von den Irrwegen, die oft zunächst begangen werden, bis die Praxis auf den richtigen Weg geführt hat.

Durch Ihre Anregung des Ausbaues der Handelshochschulen nach der Richtung der praktischen Vorbereitung für den Auslandsdienst werden diese Mißstände in sehr vielen Fällen vermieden werden können, wenn es gelingt, solche Persönlichkeiten zu finden, die die von Ihnen gestellten Voraussetzungen für den Unterricht in diesen Fächern zu erfüllen geeignet sind. Solche Persönlichkeiten werden aber, wie Sie selber annehmen, sehr selten sein und soweit sie vorhanden sind und noch rüstig und dienstfähig sind, zweifellos in wirtschaftlichen Betrieben bereits eine ausreichende Verwendung ihres Wissens auf einer breiteren materiellen Basis finden können, als ihnen dies durch die Übernahme einer Dozentenstelle möglich ist [1]).

Zu verkennen ist auch nicht, daß speziell auf dem Gebiete des Handels alle Verhältnisse sehr flüssig sind und sich manchmal in überraschend kurzer Zeit von Grund auf verschieben, so daß die

[1]) Hierüber siehe S. 84—85.

Schwierigkeit in der Auswahl der richtigen Lehrer bzw. des richtigen Lernstoffes noch dadurch vermehrt wird, daß die Praxis mit der in den Handelshochschulen gelehrten Theorie nicht immer in Übereinstimmung sein wird, sondern unter Umständen häufig nachhinken muß. Mit anderen Worten kurz gesagt, daß die betreffenden jungen Leute auf den Handelshochschulen Dinge lernen, die sie hinterher, weil mit der Praxis nicht mehr übereinstimmend, erst wieder umlernen müssen, und daß es den Lehrern schwer fallen wird, mit ihrer Lehrtätigkeit gleichzeitig die Fortbildung ihrer Kenntnisse, das à jour-Bleiben mit den Bedürfnissen und Realitäten des Lebens zu vereinigen, besonders, wenn es sich um Gebiete handelt, über die sie sich nicht täglich durch persönliche Orientierung informieren können, wie dies in der Heimat möglich ist [1]).

Von diesen Bedenken abgesehen, stimme ich Ihnen aber vollkommen zu, daß Ihre Anregung einem Bedürfnis entgegenkommt, und ich fasse meine Ansicht dahin zusammen, daß, falls es gelingen sollte, die praktischen Bedenken, die sich der Ausführbarkeit des Gedankens, wie oben kurz skizziert, entgegenstellen, mit Sicherheit zu überwinden, sehr viel Gutes und Nützliches für unsere deutsche Weltwirtschaft und unsere deutsche Diplomatie damit geleistet werden könnte."

Carl Fürstenberg, Geschäftsinhaber der Berliner Handelsgesellschaft, in Berlin:

„Verbindlichen Dank für Ihre werte Zuschrift vom 12. cr. und die Zusendung Ihrer Besprechung in der Kölnischen Zeitung.

Ich bin der Ansicht, daß der von Ihnen vorgeschlagene Weg, die bestehende Handelshochschule als Ausgangspunkt der besprochenen Bestrebungen zu nehmen, der richtige ist, stimme Ihnen aber auch darin bei, daß hierzu sehr erhebliche Mittel erforderlich sein würden, wenn eine ernste Grundlage geschaffen werden soll. Die deutschen Interessen im fernen Auslande gehören fast ausschließlich dem Kommissionshandel an, während Unternehmergeschäfte sehr vereinzelt

[1]) Über diesen Gedanken siehe S. 67—68.

und alsdann nur im bescheidenen Umfange bisher stattgefunden haben und wohl auch für eine nahe Zukunft stattfinden werden. Geeignetes Menschenmaterial im größeren Umfange und mit wesentlicher Vorbildung wird als Voraussetzung entsprechende, von deutscher Seite ausgehende Unternehmungen haben müssen, während die Kommissionsfirmen damit auskommen dürften, das in der Heimat für ihre speziellen Zwecke angelernte Personal für die ausländischen Niederlassungen zu verwenden [1]). Aus diesen Kreisen werden erhebliche Mittel zur Ausführung des Gedankens nicht aufzutreiben sein, wie sie von Unternehmungen größeren Stils, mit denen wir bisher und für die nächste Zukunft, wie ich glaube, nicht zu rechnen haben, erhältlich sein würden."

Dr. phil. h. c., Dr. Ing. h. c. **Feodor Gnauth**, Finanzminister a. D., Generaldirektor der Felten und Guilleaume Carlswerk Aktiengesellschaft, in Mülheim a. Rhein:

„Mit ergebenstem Dank bestätige ich den Empfang Ihrer geehrten Zuschrift vom 12. d. M. Der ihr beigefügte Aufsatz über ‚Auslandsinstitute an den Handelshochschulen' war mir bei seinem Erscheinen in der Kölnischen Zeitung nicht entgangen, und es schien mir dabei ohne weiteres einleuchtend, daß die an sich ohne Zweifel einem vielseitigen Bedürfnis entsprechende Schaffung solcher Institute besser durch den erforderlichen Ausbau von Handelshochschulen bzw. zunächst von einer derselben zu geschehen hätte als durch einen Ausbau des Seminars für orientalische Sprachen."

Geheimer Oberregierungsrat Dr. **Göppert**, Staatskommissar bei der Berliner Börse (jetzt Unterstaatssekretär im Ministerium für Handel und Gewerbe), in Berlin:

„Den mir freundlichst zugesandten Artikel habe ich mit vielem Interesse gelesen, wie ich auch schon vorher die Erörterungen in den Tageszeitungen verfolgt hatte.

---

[1]) Über diesen Gedanken siehe S. 64.

Ich möchte glauben, daß Sie das, was für unsere Konsularanwärter in den Kursen des Auswärtigen Amtes geleistet wird, doch unterschätzen. Allerdings haben diese Kurse nicht den Zweck, Spezialisten für bestimmte ausländische Gebiete auszubilden. Aber sie geben etwas, was für den künftigen Vertreter im Auslande m. E. wichtiger ist, nämlich eine sehr eingehende Information über die deutschen Wirtschaftsverhältnisse. Das Ausland kann der deutsche Vertreter im Auslande kennen lernen. Die Beziehungen des Konsuls im Auslande sind so mannigfaltig, daß er, wenn er wirtschaftliches Verständnis hat, sich rasch einarbeiten kann [1]). Die deutschen Verhältnisse, die doch die Basis seiner Tätigkeit bilden sollen, hat er sonst niemals Gelegenheit, kennen zu lernen. Diese Kurse wird keine Auslandshochschule ersetzen können. Sie sind ganz unentbehrlich, unentbehrlicher für die Konsularanwärter als eine Auslandhochschule. Die Fülle der Ansprüche, die unser heutiges Wirtschaftsleben an den Einzelnen stellt, hat nachgerade zur Folge, daß, wenn nach allen Richtungen eine tiefgehende Vorbildung angestrebt wird, jeder ein Greis würde, ehe er alles gelernt hat, was man ihn lernen lassen will. Darum stehe ich der Schaffung weiterer Ausbildungsmöglichkeiten recht skeptisch gegenüber. So sehr ich die heutige Jugend beneide, wenn ich das, was ihr geboten wird, mit unserer einseitigen Ausbildung vergleiche, so sehe ich doch immer wieder, daß der, dem es gegeben ist, nach kurzer Zeit überall seinen Mann steht und daß an dem, dem es nicht gegeben ist, doch alles nur vorüberrauscht [2]). Ich meine, daß für unsere Beamten einstweilen nicht mehr zu geschehen braucht, als bereits geschieht. Die Hauptsache muß doch dem praktischen Leben überlassen bleiben, sonst leidet der Unterbau.

Anders verhält es sich vielleicht mit unseren jungen Kaufleuten. Nach meiner Erfahrung ist auch der deutsche Kaufmann auf den Gebieten, auf denen er nicht Fachmann ist, kaum weniger ‚weltfremd' als der Beamte. Es sind doch immer nur einzelne Persönlichkeiten, die sich selbst einen umfassenden Überblick anzueignen vermögen, und vielleicht sind solche Persönlichkeiten in der Beamtenschaft und namentlich in der Wissenschaft nicht seltener als in der Kaufmann-

[1]) Über diesen Gedanken siehe S. 66.

[2]) Hierüber siehe S. 64—65.

schaft. Die jungen Kaufleute sind häufig im Auslande von vorneherein Spezialisten, wie sie auch bei uns Spezialisten sind. Ihre Tätigkeit im Auslande bringt ihnen nicht immer die Vielseitigkeit der Beziehungen, wie den Konsularbeamten. Hier zeigt sich möglicherweise eine Lücke, die ein Auslandsinstitut ausfüllen könnte. Große Schwierigkeiten liegen allerdings in der Kostenfrage[1]). Die Zuhörerschaft, verteilt auf die einzelnen Gebiete, wird ja für jedes Gebiet nur ganz gering sein, und es wird immer wieder die Frage auftauchen, ob es sich lohnt, so bedeutende Kosten für wenige, denen sie unmittelbar zu gute kommen, aufzuwenden. Man wird zunächst auch nur für recht wenige Gebiete wirklich Wertvolles bieten können[2]). Mit einem Schlage läßt sich nichts schaffen. Es müßte sich langsam organisch herauswachsen. Darum könnte man immer zweifelhaft sein, ob die Handelshochschule oder das orientalische Seminar der geeignete Boden ist. Sollte es nicht möglich sein, eine Annäherung zwischen beiden Institutionen anzustreben, so daß sie gemeinschaftlich den Unterbau stellen könnten. Denn ein Auslandsinstitut der Handelshochschule würde doch immer mit dem orientalischen Seminar auf bestimmten Gebieten parallel arbeiten und ihm insoweit zwecklos Konkurrenz machen[3]). Aber ich vermag es nicht zu übersehen, ob dieser Gedanke unter den tatsächlichen Verhältnissen überhaupt diskutabel ist."

Geheimer Kommerzienrat **Louis Grünfeld** in Beuthen, O.-S.:

„Im Anschluß an mein Schreiben ab Meran teile ich Ihnen mit, daß ich Ihren Aufsatz in der Kölnischen Zeitung vom 8. Februar d. J. eingehend studiert habe und ebenfalls zu der Ansicht gelangt bin, daß die Zwecke der erstrebten Auslandshochschule am besten und praktischsten durch einen entsprechenden Ausbau der bestehenden Handelshochschulen erreicht werden dürften.

Zu den Ländern, die in den Unterrichtsplänen Aufnahme finden sollen, müßten m. E. auch die Balkanstaaten treten, da z. B. Schlesien

[1]) Siehe hierüber S. 110—111, 119—121.

[2]) Siehe hierüber S. 84, 87.

[3]) Siehe hierüber S. 90.

seiner geographischen Lage wegen auf Handelsbeziehungen nach dort angewiesen ist und die bisherigen Anknüpfungen auch von Erfolg begleitet waren.

Hoffentlich ist Ihren Bestrebungen recht bald ein Sie zufriedenstellendes Resultat beschieden."

Geheimer Kommerzienrat **Louis Hagen** in Köln a. Rh.:

„Für den mir mit Ihren freundlichen Zeilen vom 12. ds. übersandten Aufsatz über ‚Auslandsinstitute an den Handelshochschulen' spreche ich Ihnen meinen besten Dank aus! Ich habe denselben mit großem Interesse gelesen und teile ganz Ihre Ansicht, daß es nicht nur für unsere Kaufmannswelt, sondern auch für unsere Diplomaten und Konsuln sehr erstrebenswert wäre, wenn Ihrer Anregung entsprechend eine weitere Ausgestaltung der Handelshochschulen durchgeführt würde."

G. H. Kaemmerer, Direktor der Norddeutschen Bank, in Hamburg:

„Der mir gütigst übersandte Artikel: ‚Auslandsinstitute an den Handelshochschulen' behandelt Fragen, denen ich großes Interesse entgegenbringe, und ich erlaube mir, der gegebenen Anregung folgend, mich mit einigen Worten dazu zu äußern.

Vollkommen teile ich die Ansicht, daß der geforderten ‚Auslandshochschule' gewichtige Bedenken entgegenstehen, sie ist m. E. das geistige Produkt noch nicht ganz ausgereifter und abgeklärter Erwägungen.

Mit Ihnen halte ich einen Ausbau der Handelshochschule für den gegebenen und aussichtsreichsten Weg.

Auch für künftige Diplomaten und Konsuln ist die Handelshochschule der richtige Platz, seitdem wirtschaftliche Angelegenheiten auch die äußeren Staatsgeschäfte vorwiegend beeinflussen.

Ich möchte den weiteren Ausbau der Handelshochschule, welcher doch immer nur die Ausbildung einer Art von Elite zufällt, aus demjenigen Teile unseres Nachwuchses, der sich Handel, Verkehr, Schiffahrt, Industrie praktisch widmen will — ich möchte diesen Ausbau vornehmlich auf die Vertiefung der Allgemeinbildung in bestimmten Richtungen geleitet sehen, auf Gebieten, die — wenn wirklich beherrscht — überall in der Welt schnelle Orientierung, Einarbeitung, Übersicht und Verständnis erleichtern, ich denke dabei an das Geld- und Währungswesen, Zoll- und Steuerwesen, Finanz- und Rechnungswesen, das Wechsel- und Obligationsrecht, praktisch dargestellt nach großen Gesichtspunkten, in ihrer bisherigen Entwicklung, ihrem aktuellen Stande, den sich geltend machenden weiteren Entwicklungstendenzen usw. Auf diesen Gebieten machen sich bei der heutigen Generation noch große Lücken in oft empfindlich fühlbarer Weise bemerkbar.

Treten dazu die auch von Ihnen befürworteten Vorlesungen großen Stils über Weltpolitik, Weltwirtschaft und große Statistik, Völkerrecht usw., so wird Erreichbares erstrebt und Großes geleistet werden, immer unter Berücksichtigung des Umstandes, daß für die theoretische Vorbereitung und Ausbildung eine begrenzte Zeit nur zur Verfügung stehen kann, wenn nicht die besten Jahre des späteren Praktikers stärker beschnitten werden sollen als zulässig [1]).

Weniger kann ich mich mit der Ausbildung von ‚Auslandsspezialisten' für bestimmte Auslandsgebiete befreunden.

Eine gewisse Spezialisierung ergibt sich ja dadurch, daß, wer orientalische Sprachen beherrscht, sich mehr für den Orient, wer die romanischen beherrscht, sich mehr für den Okzident eignet. Aber darüber hinaus Spezialisten auszubilden auf der Handelshochschule, halte ich nicht für richtig.

Gerade die Elite, deren Ausbildung die Handelshochschule fördern soll, muß geschult werden, um sich auf dieser Welt überall zurechtzufinden, sie soll sich nicht spezialisieren. Die ‚Spezialpraktiker' stehen um einige Stufen tiefer, und sie können und werden in ihren vollendeten Typen sich doch nur an Ort und Stelle herausbilden [2])."

---

[1]) Über diesen Gedanken siehe S. 94, 116.

[2]) Hierüber siehe S. 62—63, 73—74, 85—87.

Eisenbahndirektionspräsident a. D., Wirklicher Geheimer Rat **Viktor v. Kranold** in Berlin:

„Ihre mir freundlichst zugeschickten, in der Kölnischen Zeitung vom 8. Februar veröffentlichten Vorschläge über ‚Auslandsinstitute an den Handelshochschulen' habe ich mit Interesse gelesen und geprüft. Ich kann mich denselben nur durchweg anschließen und erkenne mit Ihnen in dem Anschluß der Auslandsinstitute an die bestehenden Handelshochschulen den richtigen Weg zur Erreichung des Zieles, unsere Kaufleute, Diplomaten und Konsuln für ihre Tätigkeit im Auslande so vorzubilden, daß sie mit Nutzen wirken können. Namentlich für den jungen Kaufmann halte ich die Ergänzung des ‚Unterbaues', den ihm die Handelshochschule jetzt bietet, durch den ‚Oberbau' des mit dieser verbundenen Auslandsinstitutes für wichtig und erstrebenswert. Ob für die jungen Diplomaten und Konsuln die Vorbereitung für das Ausland, die sie in dem vom Auswärtigen Amte veranstalteten ‚Kurse' genießen, genügen, vermag ich nicht zu beurteilen, ebensowenig, ob hinreichendes Material für die Besetzung der Dozentenstellen an dem Auslandsinstitut vorhanden ist [1]). Ist dies, wie Sie annehmen, der Fall, so würde nur noch die eine Schwierigkeit zu überwinden sein, das ist der Kostenpunkt [2]). Indes, der Zweck heiligt die Mittel, und dieser Zweck ist für unsere Volkswohlfahrt und für die Stellung, die wir im Welthandel und im Weltverkehr einnehmen und uns aus kleinen Anfängen erobert haben, so wichtig, daß alle Geldmittel, die hierauf verwendet werden, als ‚gute Anlage' zu bezeichnen sein werden."

Geheimer Kommerzienrat Dr. phil. h. c. **Heinrich Lehmann** in Halle a. S.:

„Für Ihr gefälliges Schreiben vom 12. d. Mts. und die freundliche Übersendung des Beiblattes zur Kölnischen Zeitung vom 8. d. Mts. bin ich Ihnen sehr dankbar. Der Inhalt des in letzterer enthaltenen, Ihrer Feder entsprossenen Artikels hat mich ganz außerordent-

[1]) Hierüber siehe S. 84—85.

[2]) Siehe hierüber S. 110—111, 119—121.

lich interessiert und Ihre Bestrebungen finden meinen ganzen Beifall Wenn auch die Kosten für das, was Sie zu erreichen wünschen, recht hohe sein werden, so glaube ich, daß man dieselben doch nicht scheuen und mit allen Kräften bemüht sein sollte, Ihre Ideen nach und nach weiter zu entwickeln und zur Verwirklichung zu bringen."

Norbert Levy, Vorsitzender des Börsenvorstandes Abteilung Metallbörse, Berlin:

„Nachdem ich Ihren in der Kölnischen Zeitung erschienen Aufsatz über die Ausgestaltung der Handelshochschule zur Ausbildung von Kaufleuten, Diplomaten und Konsuln für die Tätigkeit im Auslande wiederholt mit großem Interesse gelesen habe, erlaube ich mir nach Rückkehr von meiner Reise, Ihnen im Anschluß an meine Zeilen vom 2. v. Mts. meine Ansichten über Ihre Vorschläge nachstehend mitzuteilen.

Der deutsche Handel hat im Auslande zweifellos Organe nötig, die geübt und befähigt sind, die einschlägigen Verhältnisse richtig zu sehen und zu beurteilen, aus den Vorgängen die treffenden Schlüsse zu ziehen und auf die Geschäftsmöglichkeiten hinzuweisen. Unsere jetzt im Auslande tätigen Berufsbeamten sind in vielen Fällen einer solchen Aufgabe nicht gewachsen. Deshalb würde für die Ausbildung der in das Ausland gehenden Diplomaten, Konsuln und Handelssachverständigen der Besuch der von Ihnen ins Auge gefaßten Vorlesungen und Übungen von großem Werte sein, und ihr besseres Verständnis für die Handelsinteressen würde den Ausdehnungsbestrebungen des deutschen Handels sehr förderlich sein.

Für die jungen Leute, die sich dem Kaufmannsberufe widmen wollen, käme eine spezielle Ausbildung für ein bestimmtes Ausland doch erst dann in Frage, wenn dieselben von vornherein die bestimmte Aussicht hätten, in diesem Auslande, dessen Verhältnisse sie studieren wollen, eine kaufmännische Stellung zu finden. Da dies aber für einen praktisch Ungeübten sehr schwierig sein dürfte, so halte ich es für bedenklich, wenn sich junge Leute für ein derartiges Spezialgebiet aufs Geradewohl theoretisch vorbereiten und Kenntnisse für ein bestimmtes Land erwerben, die sie in diesem Lande vielleicht nie verwerten können. Solche Fälle, in denen junge, unerfahrene Leute auf einen Wirkungskreis im Auslande rechnen können, sind jedenfalls so selten, daß man daraufhin schwerlich eine Handelshochschulorganisation begründen könnte, die für eine große Anzahl von Ländern sehr tüchtige Dozenten halten müßte[1]).

Anders liegt der Fall, wenn sich intelligente Kaufleute, die sich bereits im Inlande hervorgetan haben, für ein spezielles Ausland vorbereiten wollen. Für diese würde die von Ihnen erwähnte gründliche Ausbildung in der Sprache und den Rechts-, Wirtschafts- und geographischen Verhältnissen eine Vertiefung und Erweiterung ihrer Kenntnisse bedeuten, die sie zum Nutzen ihres Mutterlandes verwerten können. Derartige Kräfte sind aber auch im Inlande gesucht, und dieselben würden sich vermutlich nur dann bereit finden, ins Ausland zu gehen, wenn die Aussichten dazu ihnen entweder in ideeller oder materieller Weise Verlockung bieten, sei es, daß sie in offizieller Stellung als Repräsentanten des Handelsstandes vielleicht durch Angliederung an die Konsulate bzw. Gesandtschaften oder sei es als amtlich anerkannte Sachverständige, wirksam sein können. Möglich ist es ja, daß derartige praktisch und theoretisch hervorragend ausgebildete Auslandskaufleute, bei den ausländischen deutschen Handelshäusern resp. bei den Auslandsbanken bald eine bevorzugte Berücksichtigung finden. Von derartigen Kräften würde man erwarten können, daß sie für den deutschen Handel sehr Nützliches leisten.

Ich möchte empfehlen, die großen deutschen Import- und Exporthäuser einmal aufzufordern, sich zu äußern, wie diese Kreise darüber denken.

Zweckmäßig wäre jedenfalls, bei der Ausgestaltung der Hochschule schrittweise vorzugehen, die beabsichtigten Vorlesungen zunächst für eines der wichtigsten Länder einzuführen und nach den auf diese Weise gewonnenen Erfahrungen allmählich die Einrichtung weiter auszubauen[2]).

---

[1]) Siehe hierüber S. 63—64, 86.

[2]) Siehe hierüber S. 84.

Oberpräsident a. D., Wirklicher Geheimer Rat **Friedrich Wilhelm v. Loebell** (jetzt preußischer Minister des Innern), in Berlin:

„Für die Übersendung Ihres Artikels in der Kölnischen Zeitung vom 8. d. Mts. über ‚Auslandsinstitute an den Handelshochschulen' spreche ich Ihnen meinen verbindlichsten Dank aus. Ich habe von Ihren Ausführungen mit lebhaftem Interesse Kenntnis genommen. Sie stellen mit Recht an die Spitze Ihres Artikels den Satz, daß die Wirtschaft immer mehr zur Weltwirtschaft, der Handel zum Welthandel, die Politik zur Weltpolitik geworden sind. Die Notwendigkeit dieser Entwicklung für uns, den Übergang von der kontinentalen zur Weltpolitik, vom Innenhandel zum Handel über die Meere führt in meisterhafter Darlegung Fürst Bülow in seinem Aufsatze über Deutsche Politik (Deutschland unter Kaiser Wilhelm II., Bd. I) aus. Dieser Entwicklung gegenüber ist aber die Rüstung und Vorbereitung der für die neuen Aufgaben tätigen Pioniere bisher eine mangelhafte geblieben. Das gilt vom Kaufmann, von Konsular- und diplomatischen Beamten, ebenso wie von den Land- und Seeoffizieren, die Aufgaben im Auslande zu lösen haben. Von den Wegen, die zur Beseitigung dieses Mangels vorgeschlagen sind, scheint mir Ihr Vorschlag, die Handelshochschulen durch Auslandsinstitute zu ergänzen, der beste und verhältnismäßig einfachste. Wir haben bisher keine anderen Institute als die Handelshochschulen, die den nötigen Unterbau für die neue Einrichtung abgeben könnten. Ich glaube auch, daß die Handelshochschulen leichter, wie andere Anstalten, die zu ihrer Erweiterung notwendigen Kräfte finden würden, da sie weniger als ihre Schwesterinstitute an starre Grundsätze für die Besetzung der Lehrstühle gebunden sind. Hauptschwierigkeit bleibt, wie überall, die Kostenfrage[1]). Auch sie scheint mir nicht unüberwindlich, besonders wenn man die neuen Abteilungen allmählich entwickelt. Zweifel dürfte darüber nicht bestehen, daß Einrichtungen zur Ergänzung der Vorbildung unserer Auslandspioniere absolut notwendig sind. Bejaht man aber die Notwendigkeit, so muß man auch die Wege finden, um diese notwendigen Einrichtungen durchzuführen.

[1]) Siehe hierüber S. 110—111, 119—121.

Daß Sie, sehr verehrter Herr Professor, solchen Weg in klarer und überzeugender Weise gezeigt haben, ist ein großes Verdienst. Ich kann Ihrem Vorschlage nur von Herzen vollen Erfolg wünschen."

Kommerzienrat **George Marx**, Bankdirektor, in Königsberg:

„Mit großem Interesse habe ich den mir gefl. übersandten Aufsatz durchgelesen, dessen Ausführungen ich im großen ganzen beistimmen muß. Die neuere Entwicklung stellt auf fast allen Gebieten neue große Anforderungen, denen auf dem früheren Weg nicht mehr genügt werden kann, namentlich nicht seitens der von Ihnen bezeichneten Kreise. Man wird sich dabei aber vor Zentralisierung hüten müssen[1]). Berlin würde so wenig wie ein anderer Platz den vielseitigen Ansprüchen ausreichend dienen können. Die russischen Interessen z. B. finden hier eine so starke, auch persönliche Vertretung, daß die Ausbildungsstelle für Rußland gewiß am besten hier in Königsberg ihren Sitz nehmen würde, in Köln und event. Aachen diejenige für Frankreich, England, Niederlande und vielleicht einen Teil der Kolonialgebiete daneben würde Hamburg der richtige Platz für Südamerika, für China und einige andere Länder sein. Berlin als der Zentrale verbliebe dann immer noch ein bedeutendes Betätigungsfeld."

Henry Nathan, Direktor der Dresdener Bank, in Berlin:

„Sie hatten die Freundlichkeit, mir mit Ihrem gefl. Schreiben vom 12. cr. einen Artikel über Auslandsinstitute an den Handelshochschulen zuzusenden mit der Aufforderung, mich dazu zu äußern. Ich vermag Ihren Ausführungen im großen und ganzen durchaus zuzustimmen und halte es insbesondere für leichter und billiger, die geplanten Auslandsinstitute an bestehende Hochschulen anzugliedern, als solche neu ins Leben zu rufen. Für die Angliederung aber kämen auch nach meinem Dafürhalten die Handelshochschulen in Betracht. Inwieweit das orientalische Seminar und die Vereinigung für staatswissenschaftliche Fortbildung dabei mitzuwirken berufen wären, ver-

[1]) Über diesen Gedanken siehe S. 107.

mag ich nicht zu übersehen. Besonderen Nachdruck möchte ich darauf legen, daß ich die Auslandsinstitute mehr für Diplomaten, Konsuln, Marineoffiziere u. dgl. für geeignet halte, sehr viel weniger aber für Kaufleute, bei denen das akademische Studium immer nur eine Ergänzung zu dem praktischen Beruf bilden kann. Der junge Kaufmann kann keine bessere Ausbildung erhalten, als wenn er eine Reihe von Jahren in das Ausland geht und dort im praktischen kaufmännischen Beruf tätig ist[1])."

Kommerzienrat Dr. **Otto Niedt**, Generaldirektor der Oberschlesischen-Eisenbahnbedarfs-Aktien-Gesellschaft, in Gleiwitz:

„Ew. Hochwohlgeboren danke ich verbindlichst für die freundliche Zusendung Ihres in der Kölnischen Zeitung erschienenen Artikels über ‚Auslandsinstitute an den Handelshochschulen' und beehre mich hierzu, infolge längerer Abwesenheit freilich etwas spät, ergebenst mitzuteilen, daß ich Ihren Ausführungen durchaus zustimme; denn bei der zunehmenden Bedeutung von Industrie und Export, für das Reich ist eine vertiefte wirtschaftliche Vorbildung und eine genaue Kenntnis der Geographie, Rechtsverhältnisse, Wirtschaftslage und Handelsgebräuche des Auslandes seitens unserer Diplomaten, Konsuln und Handelssachverständigen für die Förderung der Wirtschaftsinteressen Deutschlands von dringender Notwendigkeit. Da nun die Handelshochschulen den allgemeinen wissenschaftlichen Unterbau in Rechtswissenschaft, National- und Privatökonomie, Geographie und Kolonialwissenschaft bereits besitzen, wären gerade sie die geeigneten Anstalten, auf denen als Oberbau die geplanten Auslandsinstitute errichtet werden könnten.

Allerdings müßte später darauf geachtet werden, daß unsere Auslandsvertreter möglichst lange in dem gleichen Bezirk amtieren, damit sie nutzbringend wirken können[2]). Eine Neuregelung der Gehalts-, Rang- und Anstellungsverhältnisse, besonders bei den Konsuln und Handelssachverständigen würde wohl die Sehnsucht der

---

[1]) Siehe hierüber S. 66.

[2]) Siehe hierüber S. 62.

vorwärtsstrebenden Elemente, in möglichst frühen Jahren in das Auswärtige Amt zurückzutreten, verschwinden lassen, ihre Berufsfreudigkeit wesentlich heben und dadurch dem ständigen Stellungswechsel vorbeugen.

Durch solche Maßnahmen dürfte erreicht werden, daß die amtlichen Vertreter des Reiches den an sie gestellten Ansprüchen in vollem Umfange genügen werden.

Ihren Bestrebungen wünsche ich vollen Erfolg."

C. F. W. Nottebohm, von der Firma Nottebohm u. Co., in Hamburg:

„Ew. Hochwohlgeboren ersuchten mich durch das gefällige Schreiben vom 12. d. Mts. um eine Äußerung über einen in der Kölnischen Zeitung vom 8. Februar unter dem Titel: ‚Auslandsinstitute an den Handelshochschulen' abgedruckten Aufsatz.

Mir scheint die von Ew. Hochwohlgeboren ins Auge gefaßte Ausgestaltung der Handelshochschulen für Kaufleute nicht ganz dem Zweck zu entsprechen, dem sie zu dienen bestimmt ist. Der beste Bildungsgang für junge Leute, welche sich dem Kaufmannsstande widmen wollen, ist meiner Meinung nach in erster Linie die Lehrzeit in einem nicht zu großen, aber belebten Geschäft, welcher eine gründliche abgeschlossene Schulbildung vorangegangen sein muß, durch welche der Schüler sich die für seinen Beruf erforderlichen Vorkenntnisse, namentlich auch in Sprachen und Fertigkeiten, im kaufmännischen Rechnen — woran es jetzt so oft fehlt — erworben hat. So lange nicht durch praktische Tätigkeiten in kaufmännischen Geschäften sein Verständnis geweckt ist, wird er dem theoretischen Unterricht genügendes Interesse kaum entgegenbringen und denselben nicht voll verwerten können, so daß dessen Vorteile nicht im Verhältnis stehen zu dem mit erheblichen Kosten und Zeitaufwand verbundenen Besuch der Handelshochschule.

Nach absolvierter Lehrzeit wird es seine Aufgabe sein, sich in den kaufmännischen Geschäften, in denen er vorübergehend oder dauernd Beschäftigung findet, unter Zuhilfenahme einschlagender

Literatur, weiter auszubilden, ehe in ihm der Entschluß zur Reife gelangt, ein überseeisches Engagement anzunehmen, wann sich ihm eine passende Gelegenheit dazu bietet.

Durch längeren Besuch einer Handelshochschule, der nie die Praxis ersetzen kann, würden sie, dieser entzogen, zu viel Zeit verlieren und Gefahr laufen, den Anschluß zu verfehlen[1]). Nur wenige können im voraus wissen, in welchen überseeischen Ländern sie vielleicht Stellung und Fortkommen finden werden, und dann werden strebsame und kaufmännisch veranlagte junge Leute sich am besten und schnellsten an Ort und Stelle durch Erfahrung in die geographischen, wirtschaftlichen und rechtlichen Verhältnisse einleben können[2]). Einen anderen Bildungsgang dürften auch die wenigsten der Leiter der hervorragendsten und erfolgreichsten überseeischen Häuser durchgemacht haben.

Diplomaten und Konsuln wie überhaupt Beamte sind in dieser Beziehung mangels praktischer Erfahrung allerdings ungünstiger gestellt, werden aber auch ihre Vorkenntnisse auf den verschiedenen Gebieten landeskundigen Wissens im Auslande bei Ausübung ihrer Funktionen vervollkommnen müssen[3])."

Geheimer Kommerzienrat **Benno Orenstein** in Berlin:

Im Besitze der gefl. Zuschrift vom 12. d. Mts. nebst anliegendem Aufsatz über Auslandsinstitute an Handelshochschulen bemerke ich ergebenst, daß der Ausbau der Handelshochschule durch Schaffung der von Ihnen erwähnten Auslandsabteilung im Interesse der universelleren Ausbildung der Hörer notwendig erscheint. Ich bin deshalb auch der Meinung, daß eine solche Ausgestaltung der Handelshochschule kommen wird, und daß die jungen Kaufleute, welche ins Ausland gehen sollen, dadurch eine sehr gute theoretische Vorbildung mit auf den Weg bekommen. Hiermit allein ist es allerdings für jemanden, der erfolgreich im Auslande wirken soll, nicht gemacht. Die praktische Arbeit in den deutschen Exporthäusern zur Erlangung

[1]) Über diese Gedanken siehe S. 94—95, 116.

[2]) Hierüber siehe S. 66.

[3]) Hierüber siehe S. 66.

der speziellen Kenntnis der Branche und ihrer Gepflogenheiten darf niemals unterbleiben[1]). Diese praktische Arbeit läßt die Hörer der Handelshochschule schon vor ihrer Ausreise die theoretische Vorbildung in ihren wirtschaftlichen Konsequenzen besser erfassen und macht ihnen die spätere Nutzanwendung für ihr Spezialgebiet leichter.

Komplizierter liegt die Lage hinsichtlich der Reichsbeamten (diplomatische Vertreter, Konsuln). Die Vorbildung ist bei diesen Herren im wesentlichen eine juristische, und nehmen wir einmal das Universitätsstudium als allgemein-wissenschaftlichen Unterbau, dann ist die Fortbildung der Betreffenden auf einer der Universität angegliederten Auslandshochschule an sich logisch. Das orientalische Seminar ist ja speziell zur Weiterbildung juristisch geschulter Reichsbeamten gedacht. Das was not tut, nämlich stärkere Betonung kaufmännischer Gesichtspunkte, müßte schon früher einsetzen. Es wäre wünschenswert, wenn speziell die als handelssachverständige Konsuln auszubildenden Kandidaten die Handelshochschule von Anfang an beziehen würden und dann in dem angegliederten Auslandsinstitut den formalen Abschluß ihrer Studien erreichen. Eine derartige Ausbildung würde unserem Auslandshandel sehr förderlich sein. Für ganz besonders wünschenswert halte ich diesen Studiengang bei Kandidaten, die aus einem Milieu stammen, das unserem Erwerbsleben fremd gegenübersteht, Fälle, wie wir sie täglich zu beobachten Gelegenheit haben."

Rechtsanwalt Dr. **Emil v. Pustau** in Bremen:

„Sie hatten die Güte, mir Ihren Artikel über Auslandsinstitute an den Handelshochschulen, Kölnische Zeitung vom 8. Februar 1914, zur Kenntnis zu übersenden.

Der darin gemachte Vorschlag scheint mir außerordentlich zweckmäßig.

Bei den jungen Kaufleuten, die ins Ausland gehen wollen, wird in den seltensten Fällen eine allgemeine Kenntnis des Landes vorliegen, in das sie hinausziehen. Meistens entscheidet der Zufall,

[1]) Siehe hierüber S. 66.

ob sie ein Engagement nach einem Lande englischer oder spanischer oder außereuropäischer Sprache finden. Dann kommen sie in ihnen wirklich wildfremde Verhältnisse, in denen zunächst eine längere Zeit zur Orientierung erforderlich ist. Wenn diese Zeit abgekürzt werden kann durch eine entsprechende Vorbildung für das Land, in das sie sich begeben, so ist dies ebensosehr für den Chef wie für den jungen Mann von Vorteil, und die manchmal nur kleine Zahl der Jahre, die der junge Kaufmann im Auslande zubringt, würde an Wert für seine Entwicklung gewinnen, wenn er schon mit einer gewissen Orientiertheit hinauskommt[1]).

Noch mehr von Bedeutung scheint mir die von Ihnen angeregte Auslandsvorbildung an der Handelshochschule insofern zu sein, als sie im Gegensatz zu der soeben erwähnten Zufälligkeit des zum Arbeitsgebiet werdenden fremden Landes, Anregung geben kann zu einer planmäßigen Vorbereitung für ein bestimmtes Land, wie sie gegenwärtig vielleicht nur da vorkommt, wo der Chef eines überseeischen Hauses die Ausbildung des jungen Mannes in der bestimmten Richtung leitet, die durch seine eigenen Handelsbeziehungen gewiesen ist. Dies wird freilich wohl nur da stattfinden, wo der junge Mann durch besondere Beziehungen, wie z. B. verwandtschaftliche oder persönliche Bande dem Chef nahesteht.

Wenn wir gegenwärtig annehmen dürfen, daß Vorderasien in den nächsten Jahrzehnten das Land besonders starker wirtschaftlicher Entwicklung sein wird, so wird in diesem ihm fremden Gebiet der deutsche Überseehandel einstweilen noch großer Vorbereitung bedürfen, um an den Vorteilen dieser Entwicklung teilzunehmen. Der Vorteil systematischer Vorbereitung im Gegensatz zu den autodidaktisch erworbenen Kenntnissen hat sich auf allen Gebieten des Könnens bewährt. Sollte er nicht auch bei der wirtschaftlichen Entschließung Vorderasiens Germans to the front bringen?

Ganz besonders aber glaube ich, daß für unsere jungen Juristen die sich im Auslandsdienste betätigen wollen, die Auslandsinstitute einem wirklichen Bedürfnis entsprechen würden. Soweit diese durch persönlichen Verkehr mit ehemaligen Überseern Anschauungen

[1]) Hierüber siehe S. 62, 66.

vom Leben im Ausland gewonnen haben, sind sie schon jetzt im Vorteil gegenüber ihren Kollegen. Wenn ihnen nun eine wirkliche spezielle Vorbildung für das Land, in das sie gehen sollen, geboten wird, wieviel schneller werden sie sich mit den dadurch erworbenen Kenntnissen im Lande orientieren zum Vorteil ihres Dienstes und der deutschen Interessen.

Daß daneben die Auslandsinstitute für Leute von Wert sind, die, wie ich, sich meistens nur in ihren Mußestunden und aus allgemeinem Interesse mit ausländischer Wirtschaft theoretisch beschäftigen und dabei dann und wann auch für praktische Fälle der Aufklärung über einzelne Gebiete ausländischer Wirtschaft bedürfen, brauche ich nicht besonders zu erwähnen. Für Leute wie ich würden die Institute nur eine Annehmlichkeit sein; für unseren Überseehandel halte ich sie fast für eine Notwendigkeit.

Ich wünsche Ihren Bemühungen besten Erfolg. Wenn Ihre Ansicht erst genügend verbreitet ist, zweifle ich nicht daran, daß auch die Geldmittel zur Verfügung gestellt werden."

Ernst Schröter, Direktor der Bergisch-Märkischen Bank, in München-Gladbach:

„Ew. Hochwohlgeboren danke ich ergebenst für die freundliche Zuschrift vom 12. cts. und die damit gesandte Veröffentlichung betr. Auslandshochschule.

Es wird in Handelskreisen wohl allgemeine Zustimmung finden, daß man endlich dazu übergehen will, dem Kaufmann — seinen Bedürfnissen entsprechend — eine sachgemäße und gediegene Vorbildung zu verschaffen.

Der Ausbau einer derartigen Bildungsanstalt als weiterer Ausbau der bestehenden Handelshochschulen und die dort vorzugsweise zu lehrenden Unterrichtsgegenstände sind in Ihrem Berichte so ausführlich und nach meiner Meinung treffend geschildert worden, daß sich eine weitere Bemerkung dazu erübrigt.

Erfreulich ist es besonders, daß Sie bereits erwähnen, wie wichtig es für den Kaufmann ist, wenn er für ein bestimmtes Auslandsgebiet die dort maßgebenden Handelsgebräuche und die Wirtschaftslage schon vorher kennen lernt.

Dankbar anerkennen wird es auch der ältere Kaufmann, wenn ihm Gelegenheit geboten wird, durch entsprechende Vorträge über Gebiete, mit denen er geschäftliche Beziehungen unterhält, unterrichtet zu werden. Auf diese Weise könnten auch die reiferen Kaufleute, die als Handelssachverständige den Konsulaten beigegeben werden, eine ausgezeichnete Anleitung erhalten.

Gerade dieser letztere Punkt ist es, der mein besonderes Interesse hat. Hier höre ich oft in industriellen und kaufmännischen Kreisen, daß unsere Kaufmannschaft seitens der Konsulate zu wenig oder zu spät über wichtige Ereignisse in deren Auslandsbezirken unterrichtet werden. Andere Staaten, z. B. England, gehen da wesentlich zielbewußter vor[1]).

Gerade der Ausbau bzw. die Errichtung von Auslandshochschulen gibt vielleicht Veranlassung, auch der Frage der Handelssachverständigen eine noch größere Bedeutung zu geben. Wir müssen an den großen Auslandsplätzen nicht nur Attachés usw. haben sondern vor allen Dingen tüchtige Kaufleute, die mit weitem Blick die Wirtschaftslage und die Gebräuche ihres Bezirkes studieren, in alle Verhältnisse durch fleißiges Reisen einzudringen suchen, um ihren Berufsgenossen in Deutschland Winke und Ratschläge zu geben, welcher Industriezweig oder welcher Handelsartikel besondere Vorteile bietet.

Es wird schwer halten, für die Posten der Handelssachverständigen immer die richtigen Leute zu finden, mancher ist ein tüchtiger Kaufmann, traut sich aber nicht die Fähigkeiten zu, im Ausland die Dinge richtig beurteilen zu können. Da kann die Auslandshochschule von großem Nutzen sein, indem sie derartigen Herren die nötigen Vorkenntnisse vermittelt.

Eins liegt mir dabei noch am Herzen: es könnte leicht bei den Konsulaten selbst die Ansicht aufkommen, daß der Handelssachverständige ein notwendiges Übel sei, der nach den in unserem lieben Vaterlande so maßgebenden Rangverhältnissen eigentlich gar nicht

[1]) Siehe hierüber S. 97.

unterzubringen ist. Wenn auch ein tüchtiger Kaufmann auf solche Äußerlichkeiten nur wenig Wert legen wird, so kann er es doch nicht zulassen, daß er nach außen hin vielleicht weniger angesehen sein sollte als die anderen oberen Beamten des Konsulates. Gerade dieser Sachverständige muß sich in seinem Bezirke fleißig umsehen, Fühlung mit den Handelskreisen suchen, Reisen machen usw. Bei diesen Gelegenheiten muß er als Vertreter des deutschen Handelsstandes das Ansehen genießen, das auch dem Konsul selbst zuerkannt wird. Also nicht Gründe der persönlichen Eitelkeit, sondern der notwendigen Zweckmäßigkeit verlangen für den Handelssachverständigen eine auch äußerlich gehobene Stellung beim Konsulat."

Sigmund Schwitzer, Direktor der A. Schaaffhausenschen Bankvereins, in Berlin:

„Im Besitze Ihres sehr geehrten Schreibens vom 12. d. Mts., danke ich Ihnen für freundliche Einsendung Ihres in der Kölnischen Zeitung erschienenen Artikels über Errichtung von Auslandsinstituten an den Handelshochschulen. Ich habe von dem Inhalte in allen Teilen mit großem Interesse Kenntnis genommen und bin der Ansicht, daß die Zweckmäßigkeit der Ausbildung in viel geeigneterer Weise durch entsprechende Ausgestaltung der Handelshochschule als durch Ausbau des an der Berliner Universität bestehenden Seminars für orientalische Sprachen erreicht werden kann. Allerdings verkenne ich auch mit Ihnen nicht die Schwierigkeiten, die sich der Durchführung dieses an sich wünschenswerten Projektes entgegenstellen dürften."

Geheimer Kommerzienrat **Otto v. Steinbeis** in Brannenburg (Oberbayern):

„Wir Deutschen hören uns so gerne das Volk der Dichter und Denker nennen. Dabei übersehen wir ganz die feine Kritik, die in dieser Phrase liegt, nämlich den Hinweis auf unseren Mangel an Verständnis für die Werte des praktischen Lebens. Man meint bei uns, alles in Schulen lehren und lernen zu können. Auch Ihr Artikel hält sich davon — Sie werden mir die freimütige Bemerkung wohl nicht übelnehmen — nicht ganz frei; denn Sie sprechen von einem „Dozenten für jedes Erdgebiet‘, von einem ‚für einen bestimmten Teil der Erde“ schulmäßig ‚ausgebildeten Kaufmann‘. Und doch ist das Leben die erste und für die meisten Menschen auch einzige Lehrmeisterin auf den verschiedensten Gebieten. So fein ausgeklügelt, abgeteilt und eingeteilt auch irgend ein wissenschaftliches System sein mag, den mannigfachen, stetig variierenden Erscheinungen des Lebens vermag es nie völlig gerecht zu werden[1]). Grau ist alle Theorie[2]). Auch eine Vorlesung über Weltpolitik erscheint mir nur denkbar als historische Vorlesung; denn die gegenwärtige Weltpolitik kann doch wohl nicht gut an den Hochschulen gelehrt werden, weil sie eben eine der wechselnden Erscheinungen des Lebens ist. Unsere Schulen, welcher Art sie auch sein mögen, sollen und, ich darf wohl sagen, können nicht mehr vermitteln als eine gewisse Befähigung zum Verständnis des Lebens und seiner wechselvollen Gestaltungen[3]). Darum bin ich der Ansicht, daß bei der Ausbildung der künftigen Vertreter unseres Staates im Ausland, von denen man eben mit Rücksicht auf ihren späteren Beruf ein gewisses wirtschaftliches Verständnis doch unbedingt fordern muß, viel mehr Gewicht auf die praktische Arbeit zu legen sei. Wie soll ein Konsul oder Diplomat die wirtschaftlichen Interessen unseres Staatswesens im Auslande wahrnehmen, wenn er dieselben nicht aus eigener Anschauung kennen und werten gelernt hat? Gelegenheit zu betreffender Betätigung bietet sich ja in unseren Kommunen und kleineren oder größeren Kommunalverbänden zur Genüge.

Zweifelsohne muß auch bei unseren Auslandsvertretern ein gewisses Maß von politischem Verständnis vorausgesetzt werden. Um hier nun eine Besserung für die Zukunft zu schaffen, müßte man freilich tiefer greifen. Unser ganzes Volk bedarf noch der Erziehung zum politischen Verständnis. Nur ein politisch hochstehendes Volk wird auch einen wirklich guten diplomatischen Dienst haben.

---

[1]) Hierüber siehe S. 67—68.

[2]) Siehe hierüber S. 66.

[3]) Siehe hierüber S. 61, 66.

Wer am Wohl des Volkes mitarbeiten will, muß daher auch auf dessen politische Ertüchtigung hinarbeiten. Unsere Volksvertretungen müssen sich bewußt werden, daß sie Vertreter der Interessen des ganzen Volkes sind, nicht aber dürfen sie, wie es heute leider vielfach der Fall ist, das Parteiinteresse über das Gesamtinteresse stellen. Um dieses Ziel erreichen zu können, müssen wir Deutschen uns vor allem von unserer Neigung, uns in tausend Parteien und Parteichen — schon unsere Schulen zeugen davon — zu zersplittern, anstatt das ganze politische Leben in einem Punkte, dem Parlamente, zusammenlaufen zu lassen, befreien.

Ein Weg zur staatsbürgerlichen Erziehung unseres Volkes aber ist hauptsächlich vermehrte Selbstverwaltung, vermehrte Heranziehung zur Rechtspflege.

An sonstigen Mitteln zur Besserung der bisherigen Zustände möchte ich noch folgende anführen:

Es wäre bei beiden Kategorien unseres auswärtigen Dienstes der ofte Stellungswechsel zu vermeiden[1]). Niemand kann alles wissen und niemand vermag alles zu beherrschen. Eine Beschränkung der Versetzungen auf gewisse Zonen würde nur zu begrüßen sein. Würden endlich nur solche Leute zum Auslandsdienst herangezogen, die wirklich Tüchtiges zu leisten vermögen, und ferner die leider so zahlreichen Sinekuren beseitigt, dann würden sich die vielen Klagen über unseren Auslandsdienst wohl bald mindern.

Man berücksichtige ferner bei den Konsulatstellen wie im diplomatischen Dienst mehr das kaufmännische Element; dann kann man der besonderen kaufmännischen Sachverständigen, die nach dem jetzigen System fortwährend herangezogen werden müssen, entraten.

Endlich ist bei unseren Auslandsvertretern noch etwas zu berücksichtigen, was weder durch schulgemäße noch praktische Ausbildung beigebracht werden kann, und das ist eine gesicherte wirtschaftliche Position, die nicht von heute ist. Ohne mich dem Vorwurf der Liebhaberei für das Ausländische aussetzen zu müssen, darf ich in dieser Hinsicht auf die Engländer als nachahmenswertes Vorbild hinweisen. Das richtige und sichere Auftreten, durch welches sich vor-

---

[1]) Hierüber siehe S. 62.

nehmlich die Vertreter dieses Volkes auszeichnen, hat seinen Grund nicht zuletzt in der möglichst traditionellen, guten Erziehung, die der Engländer seinem Nachwuchs von Kindsbeinen an zuwendet."

M. A. Straus, Bankier in Karlsruhe:

„Ew. Magnifizenz beehre ich mich für den gütigst gesandten Aufsatz über die Ausgestaltung der Handelshochschulen durch Errichtung von Auslandsinstituten, von dem ich mit lebhaftem Interesse Kenntnis genommen habe, meinen verbindlichsten Dank auszusprechen.

Ich zweifle nicht daran, daß die Realisierung Ihres Planes sowohl für den Kaufmannsstand wie für die Allgemeinheit von großem Werte sein würde, und wünsche Ihren Bestrebungen den besten Erfolg."

Theodor Frhr. v. Tucher, Kgl. Kämmerer, in Leitheim bei Donauwörth:

„Mit größtem Interesse habe ich, hoch zu verehrender Herr Rektor, Ihre Abhandlung über Auslandsinstitute an den Handelshochschulen, die Ihrem geehrten Schreiben vom 12. d. Mts. beigegeben war, gelesen.

Ich glaube annehmen zu müssen, daß das orientalische Seminar der Berliner Universität lediglich die Kenntnis der orientalischen Sprachen, der orientalischen Literatur und der Geschichte des Orients zu vermitteln habe und wegen seines engumschriebenen Arbeitsfeldes nicht, wie der Abgeordnete Erzberger meint, geeignet ist, zu einer Auslandshochschule erweitert zu werden. Vielmehr pflichte ich ganz Ihrer Ansicht bei, daß eine Auslandshochschule nur auf der Handelshochschule und an dieser angeschlossen, aufgebaut werden könne, wobei aber immerhin die Kräfte, die am orientalischen Seminar wirken, mit herangezogen werden können.

Für unsere Auslandsgeschäftsleute, worunter ich nicht nur Kaufleute verstanden haben will, sondern auch Ingenieure, Konsuln, Diplomaten, Reisende usw., ist vor allen Dingen eine gründliche

Schulung gerade in den Fächern, die an der Handelshochschule gelehrt werden, vonnöten, wie nicht minder die Kenntnis der Sprache, der Geographie, der Rechtsanschauungen, der Handelsgebräuche usw. des Landes oder Erdteiles, dem sich der betreffende Studierende zuwenden will.

Ich würde also unbedingt eine Erweiterung der bestehenden Handelshochschule zu einer Auslandshochschule für zweckmäßig und wünschenswert halten."

Franz Urbig, Geschäftsinhaber der Diskontogesellschaft, in Berlin:

„Ich komme leider erst heute dazu, Ihre gefälligen Zeilen vom 12. v. Mts. zu beantworten, nachdem ich inzwischen von dem Ihrerseits in der Kölnischen Zeitung veröffentlichten Artikel Kenntnis genommen und den Inhalt eingehend erwogen habe.

Ich finde die Idee, die Handelshochschule mit einer Institution der von Ihnen beschriebenen Art auszugestalten, durchaus gut und auch ausführbar, möchte aber doch davor warnen, den Plural dafür zu wählen. Ich könnte mir sehr wohl denken, daß sich in Verbindung mit der Berliner Handelshochschule eine solche Einrichtung zu etwas Gutem ausgestalten läßt, würde aber eine große Gefahr für durchschlagende Erfolge darin erblicken, wenn zugleich mehrere Handelshochschulen diesem Beispiel folgen würden und etwas Ähnliches machen wollten[1]). Sie wollen freundlichst nicht außer acht lassen, daß die Lehrkräfte, die Ihnen für die Einrichtung zur Verfügung stehen werden, bei weitem nicht so zahlreich sind, als es im ersten Augenblick erscheinen mag. Denn gerade die Männer, welche mit einem durch Lebensgang und beruflichen Erfolg vertieften Wissen die Welt in fernen Ländern beobachtet haben, kommen in den meisten Fällen als gesättigte Existenzen nach der Heimat zurück und werden nur in den seltensten Fällen Lust haben, in einer sich einem Schulorganismus anpassenden Form als Lehrer zu betätigen[2]). Die Aus-

---

[1]) Siehe hierüber S. 107.

[2]) Siehe hierüber S. 84—85, 115.

wahl unter den wirklich tüchtigen Menschen wird deshalb in der Gegenwart eine knappe sein und wahrscheinlich gerade ausreichen, um eine Institution mit guten Lehrkräften zu versorgen."

Kommerzienrat **Max v. Wassermann**, von der Firma A. E. Wassermann, Berlin:

„Ew. Hochwohlgeboren hatten die Güte, mir einen Artikel der Kölnischen Zeitung vom 8. Februar einzusenden, welcher sich mit der Frage der Auslandsinstitute an den Handelshochschulen befaßt.

So außerordentlich ehrend Ihr Wunsch ist, mich zu dieser Frage zu hören, so schwer wird er mir, da ich ja nur eine ganz persönliche Ansicht äußern kann. Nun könnte ja eine persönliche Ansicht unter Umständen von Wert sein, wenn sie von einer Seite kommt, die mit den Erfahrungen im Ausland sowohl, als auch mit der Organisation der Handelshochschule vertraut ist. Ganz besonders letzteres ist bei mir nicht der Fall. Ich bin im Leben nur praktisch tätig gewesen und habe niemals ein Spezialstudium betrieben, wies dies ja auch in meiner Jugend allgemein üblich war. Man kam mit 16 oder 17 Jahren ins Geschäft und fing an zu arbeiten. Es geschieht ja auch heute noch manchmal so, doch hat auch die heutige Ausbildung, selbst wenn sie ganz nach dem alten Rezept ist, Wandlungen erfahren, die ich in kurzen Worten dahin festlegen möchte, daß in der heutigen Ausbildung junger Kaufleute ein größeres Gewicht auf das Wissen gelegt wird, während vor 30 bis 35 Jahren etwa der Schwerpunkt auf das Verdienen gelegt wurde. Die sonstigen Wandlungen, die sich bei der Ausbildung des Kaufmanns im Laufe dieser ziemlich langen Reihe von Jahren vollzogen haben, hier hervorzuheben, hat keinen Zweck und sind sicherlich Ew. Hochwohlgeboren durch das Studium besser bekannt als mir. Ich persönlich kann nur konstatieren, daß ich im Laufe der Jahre, wie man zu sagen pflegt, öfters ‚umlernen' mußte.

Ich halte mich verpflichtet, diese etwas persönlichen Bemerkungen vorauszuschicken, weil ich Ihnen ja meinen Standpunkt, von dem aus ich Ihre Frage beantworten möchte, festlegen will. Wenn ich nunmehr auf die Frage selbst eingehe, so muß ich gleich eine Trennung zwischen Kaufleuten und Diplomaten usw. vornehmen. Die letzteren scheiden für mich ganz aus; besonders was deutsche Diplomaten anbelangt. Nach meiner Ansicht kommen diese Herren in einem viel zu späten Alter dazu, selbständig zu arbeiten. Außerdem spielen leider bei diesen Herren noch so viele persönliche Vorurteile gegen den Kaufmannsstand eine Rolle. Ich will nicht sagen, daß es den Herren an Willen mangelt, aber sie sind nicht in der Lage, ein Geschäft klar abzuwägen und zu durchdenken. Die einfachsten Währungsverhältnisse der europäischen Staaten sind vielen von ihnen nicht klar. Es würde zu weit führen, meine Argumente noch weiter auszuspinnen.

Es bleiben also nur die Kaufleute übrig. Für diese Klasse von Leuten, aber auch nur dann, wenn sie praktisch gearbeitet haben, halte ich einen Ausbau der Handelshochschule in dem von Ew. Hochwohlgeboren vorgeschlagenen Sinne für möglich, doch glaube ich, daß das Programm nicht so weit gesteckt werden darf, wie ich es in Ihrem Artikel skizziert finde. Wenn hier etwas Praktisches erzielt werden soll, so bin ich der Ansicht, daß man nur ganz wenige Länder in das Bereich der Erörterungen ziehen darf[1]), und zwar müßte sich die Handelshochschule, wenn ich mich so ausdrücken darf, der ‚Mode' anpassen. Als die kommende ‚Mode', um bei dem Worte zu bleiben, sehe ich China an und im Anschluß durch die Handelsbeziehungen dieses großen Reiches auch Rußland[2]). Hier beginnen aber schon die Schwierigkeiten in betreff eines aufzustellenden Lehrplanes, denn in China muß vieles erst geschaffen oder besser gesagt, den europäischen Handelsgebräuchen assimiliert werden, während in Rußland eine Gesetzgebung, die sich ja mehr oder weniger in puncto Aktienrecht der unserigen nähert, bereits vorhanden ist.

Für mich persönlich gipfelt die Erziehung des Kaufmanns in erster Linie darin, junge Leute zu Geschäftsleuten zu erziehen, sie so weit zu bringen, daß sie ohne fremde Hilfe aus sich heraus den Blick bekommen, wie ein Geschäft aufzubauen ist. Ich muß Ihnen leider sagen, daß ich in den letzten Jahren die Beobachtung gemacht

[1]) Siehe hierüber S. 84.

[2]) Siehe hierüber S. 87.

habe, daß diese Eigenschaft bei der jüngeren Generation von Kaufleuten immer mehr verloren geht. Durch die Konzentration, die im Bankgeschäft eingetreten ist, und durch die damit hervorgerufenen gigantischen Betriebe wird das einzelne Individuum nur sehr schwer so weit gebracht, daß es den Blick für das Ganze behält. Um auch hier nur wenige Worte anzuwenden: Es werden meistens nur Spezialisten erzogen. Ich halte dies für einen großen Fehler, doch ist dieser Brief nicht geeignet, auch auf dieses Thema einzugehen.

Etwas unbehaglich wird mir zumute, wenn Sie das Wort ‚Weltpolitik' gebrauchen. Das ist ja eben der wunde Punkt bei uns in Deutschland, daß wir keine betreiben. Wenn wir Weltpolitik betreiben würden, und ein Programm hätten, so würde wohl vieles für den deutschen Kaufmann besser bestellt sein. Bei uns ist es jedoch Sitte geworden, daß wir internationale diplomatische Fragen erst dann erledigen, wenn sie bereits in brennender Form an uns herantreten. Doch ich komme hier auf ein Gebiet, wo ich mir eine gewisse Reserve auferlegen muß, und schließlich kommt ja diese Frage erst in zweiter Linie in Betracht."

Kommerzienrat **Max v. Wassermann** schreibt in einem weiteren Briefe:

„Die mir von Ihnen ausgesprochene Absicht, bei der Erweiterung der Handelshochschule in das Lehrprogramm auch Vorlesungen über das spanische Südamerika aufzunehmen, hat nicht meine völlige Billigung.

Die Erfahrungen, die ich mit diesen Ländern gemacht habe, können mich einstweilen nicht ermutigen, jungen Leuten zu raten, ihre wertvolle Zeit für das Studium dieser Länder zu verwenden. Infolge der relativ geringen Bevölkerung in diesen Ländern ist das Arbeitsfeld eines Kaufmannes an und für sich ein beschränktes. Hierzu kommt noch die Schwierigkeit, daß zwei Sprachen, Spanisch und Portugiesisch (letzteres für Brasilien) erlernt werden müßten. Ich stehe auf dem Standpunkt, daß die genaue Kenntnis der Landessprache für den Kaufmann in erster Linie erforderlich ist; unterzieht er sich aber dieser Mühe, so muß sie auch in einem guten Verhältnis zu der Möglichkeit der Verwendung stehen. Das ist einstweilen in diesen Ländern kaum zu erwarten. Die nördlichen Provinzen Südamerikas leiden unter furchtbar schlechten klimatischen Verhältnissen, ganz besonders, was das Innere des Landes anbelangt. Das Geschäft in diesen Gegenden beschränkt sich heute noch auf den Export von Rohprodukten und auf den Import der für die Existenz des Menschen notwendigsten Artikel. Für den Kaufmann ist vorläufig hier wenig zu machen, wohl aber für den Pflanzer oder für den Bergmann. Da beginnen aber schon die Schwierigkeiten infolge der klimatischen Verhältnisse. Aus meiner Praxis weiß ich, daß es mir nur mit den größten Schwierigkeiten gelungen ist, in den verschiedensten Teilen Südamerikas (Kolumbien, Peru, Chile) für kurze Zeit Europäer zu verwenden. Teils vertrieb sie das Fieber, teils die Bergkrankheit. Es verbleibt eigentlich nur Argentinien. Hier ist allerdings ein Feld für Kaufleute, aber der Handel ist in diesem Lande heute schon so gut organisiert, daß ich es einstweilen für nicht sehr ermutigend ansehen kann, jemanden zu veranlassen, seinen Aufenthalt da zu nehmen. In Argentinien liegt der Schwerpunkt einzig und allein in Buenos-Aires. Das übrige Land ist sehr schwach bevölkert und ein landwirtschaftlicher Staat, der dem deutschen Kaufmann für die Verwertung seiner Kenntnisse einstweilen einen schlechten Resonanzboden abgeben dürfte. Es bleiben noch Uruguay und Paraguay. Diese beiden Länder werden mir von Kennern als im Schlafe liegend bezeichnet. Ein schlagendes Beispiel für den lethargischen Zustand ist die langsame Entwicklung der Straßenbahn in Montevideo, welche von der Deutsch-Überseeischen Elektrizitäts-Gesellschaft betrieben wird. Ein Blick in den jüngst veröffentlichten Prospekt für die Vorzugsaktien dieser Gesellschaft wird Sie von der langsamen Entwicklung der Montevideoer Straßenbahn überzeugen.

Nach sehr reiflicher Überlegung habe ich Ihnen in meinem Schreiben die Ansicht ausgedrückt, Ostasien für die Vorlesungen aufzunehmen. Hier ist die englische Sprache vorherrschend, und ein vieltausendjähriges Kulturland, wie es China ist, mit mehreren hundert Millionen Einwohnern bietet ein ganz anderes Arbeitsfeld.

Wer an solcher Stätte seine Geisteskräfte verwendet, kann keinesfalls, selbst wenn die Erfolge nicht gleich kommen, behaupten, daß es an Geschäftsmöglichkeiten fehlt."

Hans Wolff-Zitelmann, Generaldirektor der Braunkohlen- und Brikett-Industrie-Aktiengesellschaft, in Berlin:

„Ew. Hochwohlgeboren danke ich verbindlichst für Übersendung des Artikels in der Kölnischen Zeitung vom 18. cr., ‚Auslandsinstitute an den Handelshochschulen', und möchte meiner Ansicht dahin Ausdruck geben, daß mir die Durchführung der von Ihnen gemachten Vorschläge außerordentlich wünschenswert erscheint."

Dritter Abschnitt.

Nachprüfung und Ausgestaltung.

I. Notwendigkeit einer Auslandshochschule.

1. Wichtigkeit der Auslandsbildung.

1. Deutschlands politische und ökonomische Lage hat sich allmählich so gestaltet, daß die gegenwärtigen Möglichkeiten, sich für die Tätigkeit im Ausland vorzubereiten, nicht mehr genügen, und die Verhältnisse drängen dahin, daß bessere, dem Bedürfnis des zwanzigsten Jahrhunderts entsprechende Bildungsgelegenheiten geschaffen werden.

Vielleicht der größte Vorzug unseres Kaisers ist sein scharfer Blick für die Forderungen der Zeit. Wie er die Notwendigkeit erkannt hat, unsere Industrie auf jede Weise fortzuentwickeln, eine starke Flotte zum Schutz unserer Interessen zu schaffen, unserm wirtschaftlichen Wachstum den Frieden zu erhalten, so ist er sich auch immer darüber klar gewesen, von welcher Wichtigkeit für Deutschland seine Betätigung im Auslande ist.

„Mit tiefer Besorgnis", hat er am 18. Oktober 1899 in Hamburg bei dem Stapellauf des Panzerschiffes Karl der Große gesagt, „habe ich beobachten müssen, wie langsame Fortschritte das Interesse und politische Verständnis für große weltbewegende Fragen unter den Deutschen gemacht hat. Blicken wir um uns her, wie hat seit einigen Jahren die Welt ihr Antlitz verändert! Alte Reiche vergehen und neue sind im Entstehen begriffen. Nationen sind plötzlich im Kreise der großen Länder erschienen und treten in ihren Wettbewerb mit ein, von denen kurz zuvor der Laie noch wenig gemerkt hatte. Erzeugnisse menschlicher Tätigkeit, welche umwälzend wirken auf dem Gebiete internationaler Beziehungen sowohl wie auf dem Gebiete des nationalökonomischen Lebens der Völker und die in alten Zeiten Jahrhunderte zum Reifen brauchten, vollziehen sich in wenigen Monden. Dadurch sind die Aufgaben für unser Deutsches Reich und Volk in mächtigem Umfange gewachsen und erheischen für mich und meine Regierung ungewöhnliche und schwere Anstrengungen, die nur dann von Erfolg gekrönt sein können, wenn die Deutschen, den Parteiungen entsagend, hinter uns stehen".

Den gleichen Gedanken hat der Kaiser am 3. Juli 1900 bei dem Stapellauf des Panzers Wittelsbach in den Satz zusammengefaßt: „Der Wellenschlag des Ozeans klopft mächtig an unseres Volkes Tor und zwingt es, als ein großes Volk seinen Platz in der Welt zu behaupten, mit einem Wort, zur Weltpolitik".

In diesen Worten zeigt sich eine weise Erkenntnis von dem, was uns not tut. Das Ausland liefert Deutschland den Markt, den seine aufstrebende Industrie braucht, und damit die Mittel, um seine ständig wachsende Bevölkerung zu erhalten und die schwere Rüstung zu tragen, ohne die es nach seiner geographischen Lage nicht bestehen kann. Deshalb ist für Deutschland vielleicht keine Aufgabe wichtiger als die wirtschaftliche Eroberung des Auslandes und die Pflege solcher politischer Beziehungen zum Auslande, die dieser wirtschaftlichen Eroberung dienen.

Die Verfolgung dieses Zieles ist nicht leicht. Den auswärtigen Interessen Deutschlands, den wirtschaftlichen und politischen, stehen gleiche Interessen anderer Völker gegenüber, vor allem Englands, Nordamerikas und Japans. Auch bei ihnen hat sich die Erkenntnis Bahn gebrochen, wie alle Politik heute notwendig Weltpolitik sein muß und wie wichtig für das ganze Dasein eines Volkes seine Stellung im Auslande ist. Ein heftiger Kampf um Weltmarkt und Weltherrschaft ist entbrannt. Wie er für uns ausgehen wird, das hängt in erster Linie von unserer geographischen Lage, unserer Bevölkerungszahl, unserer sittlichen und geistigen Tüchtigkeit und unserer Wehrkraft ab. Eine nicht zu unterschätzende Waffe in diesem Kampfe ist aber doch auch *eine gute Vorbildung unserer Kaufleute und Beamten für das Ausland.*

Die Wichtigkeit dieser Vorbildung tritt uns jeden Augenblick entgegen. Im Jahre 1873 richtete der kaiserlich chinesische Zensor

Wu K'o-tu an den Thron eine geheime Denkschrift, in der er empfahl, den fremden Gesandten gemäß ihrem Verlangen das Knien bei Audienzen zu erlassen. In der Begründung hebt er hervor, die Fremden ständen sittlich auf einer so tiefen Stufe, daß ihre Ehrenbezeugungen für den Thron bedeutungslos seien. „Sie haben", sagt er, „einige zwanzig Verträge mit China geschlossen, die wenigstens zehntausend geschriebene Zeichen enthalten. Steht in einem einzigen von diesen auch nur ein Wort, das sich auf die Ehrfurcht vor den Eltern oder auf die Pflege der Tugend und auf die Achtung vor den neun Regeln des guten Benehmens bezöge? Nein! Steht in einem einzigen von ihnen ein Wort über feine Formen, Pflichttreue, Lauterkeit und Schamhaftigkeit, die vier Hauptgrundsätze unseres Volkes? Wiederum nein! Alles, von dem sie sprechen, ist materieller Vorteil. Wenn wir darauf bestehen, daß sie ehrwürdig knieen, wie soll das den Glanz unseres Thrones erhöhen? Wenn wir ihnen das Knieen erlassen, wie kann das die Majestät des Herrschers berühren?" In diesen Äußerungen tritt deutlich die geistige Art der Chinesen hervor, sie erinnert an unsere Art zur Zeit eines Fichte und Wilhelm von Humboldt. Man fühlt das Bedürfnis, edle Gesinnungen auszusprechen, man sieht dort, wo dies nicht geschieht, nur Roheit und Barbarei und begreift nicht die vornehme Zurückhaltung, die in dem Wort unseres Friedrich Theodor Vischer zum Ausdruck kommt: „Das Moralische versteht sich immer von selbst." Es ist ohne weiteres klar, wie sehr ein Diplomat, der diese geistige Art der Chinesen kennt und sein Handeln nach ihr einzurichten weiß, gegenüber den schlechter vorgebildeten Vertretern anderer Völker im Vorteil ist.

Die Unkenntnis der Verhältnisse des fremden Landes lähmt jeden, der in ihm zu wirken hat, den Beamten und Offizier wie den Kaufmann und Ingenieur. Ein Krebsschaden unseres chinesischen Geschäfts ist der Comprador. Unter dieser Bezeichnung versteht man einen Chinesen, den die fremden Häuser in China als Generalbevollmächtigten für den Verkehr mit den Chinesen verwenden. Er schließt alle Geschäfte mit ihnen ab und bürgt für den Eingang der Zahlungen. Der fremde Kaufmann ist nicht in der Lage, den Comprador wirksam zu überwachen, dagegen hat dieser einen weitgehenden Einblick in den Betrieb des Geschäfts. So kann es nicht ausbleiben, daß er vielfach mehr für die eigene Tasche als für das Interesse des fremden Kaufmanns arbeitet und daß der Vorteil aus dem Geschäft ihm mindestens zur Hälfte zufließt. Dennoch kann der fremde Kaufmann sich nicht von dem Comprador losmachen, weil er keine geeignete weiße Angestellte findet, die zugleich die Sprache beherrschen und mit den verwickelten Währungs- und sonstigen Verhältnissen vertraut sind. Welchen Aufschwung würde unser ostasiatisches Geschäft nehmen, wenn unseren Kaufleuten solche Angestellte in genügender Zahl zur Verfügung ständen!

Ähnliche Beispiele ließen sich für alle anderen Länder aufstellen, mit denen wir zu tun haben. Schon der Vergnügungsreisende in Italien macht, wenn er die Sprache und die Verhältnisse kennt, die angenehme Beobachtung, daß er noch nicht die Hälfte von dem ausgibt, was sein unkundiger Landsmann bezahlen muß. „Wissen ist Macht", das gilt auch für unseren Verkehr mit dem Auslande.

Diese Art von Macht zu erwerben, entspricht ganz besonders unserer deutschen Eigenart. In manchem sind uns der Engländer, der Nordamerikaner, der Japaner überlegen, unsere Überlegenheit liegt in unserer methodischen Gründlichkeit [1]. Bismarck hat das Wort geprägt, der preußische Schulmeister habe die Schlacht bei Sadowa gewonnen. Im gleichen Sinne kann man sagen, daß die Siege unserer Industrie unseren Technischen Hochschulen zu verdanken sind. Nach unserer besonderen Eigenart können wir zur wirtschaftlichen und politischen Eroberung des Auslandes nichts Besseres tun, als Bildung erwerben, allgemeine Bildung und ganz besonders auch Verständnis für die Länder, mit denen wir zu tun haben.

Eine Vorbildung für das Ausland ist für die verschiedensten Kreise von Wert, vor allem für unsere Diplomaten, Konsuln und Handelssachverständigen [2]. Sie werden sich in einem

---

[1]) Dies verkennen diejenigen, die unsere Kaufleute immer wieder auf die bloße Praxis verweisen und die Fortbildung durch Auslands- oder Handelshochschulen verachten, z. B. die Handelskammer Sorau (S. 23), Geh. Kommerzienrat v. Borsig (S. 27).

[2]) Über Handelssachverständige die Handelskammer Sonneberg (S. 22) und Bankdirektor Schröter (S. 47).

Lande unvergleichlich schneller zurechtfinden können, wenn sie in das Land eine gewisse Kenntnis seiner Sprache und seiner Verhältnisse mitbringen. In dem Hin- und Herversetzen dieser Beamten sollte man nicht zu weit gehen[1]) und das Beispiel Englands nachahmen, das seine einmal in China tätigen Beamten zeitlebens in diesem Lande beläßt, in der Erkenntnis, daß solche vollkommen mit Land und Leuten vertraute Kräfte ihm einen ungeheuren Vorsprung vor anderen Ländern sichern. Aber auch soweit die für ein Land besonders vorgebildeten Beamten nachher in andere Länder geschickt werden, wird ihnen die mit Beziehung auf jenes Land einmal erworbene Schulung im Verständnis fremdländischer Eigenart vom größten Nutzen sein.

Nicht minder wertvoll ist eine Vorbildung für das Ausland für unsere Kaufleute. Sie macht den Erben eines Geschäftes, das vorwiegend mit einem bestimmten Teil der Erde zu tun hat, mit den Verhältnissen dieses Gebietes bekannt, so daß er sich an Ort und Stelle in einer Spanne Zeit zurechtfinden kann, in der er sonst kaum die ersten Schwierigkeiten überwinden würde. Sie schafft aber namentlich auch Kaufleute, die besonders geeignet sind, für ein fremdes Geschäft in einem bestimmten Erdgebiet tätig zu werden oder auch vom Inland aus den Verkehr mit ihm zu besorgen: ein Großkaufmann, der mit zahlreichen Ländern zu tun hat, kann dann verschiedene solche Auslandskaufleute anstellen, von denen der eine für dieses, der andere für jenes Land besonders geschult ist. Natürlich dürfen diese Auslandskaufleute nicht einseitig nur für ein bestimmtes Erdgebiet ausgebildet sein, sie müssen eine gediegene kaufmännische Allgemeinbildung besitzen, die sie befähigt, auch im Inlande oder in einem anderen Teil des Auslandes ihren Mann zu stehen. Die Ausbildung für ein bestimmtes Erdgebiet soll ihnen neben ihrer allgemeinen Verwendbarkeit nur noch einen besonderen Vorzug geben und sie für den Handel mit dem Auslande besonders brauchbar machen, vor allem mit dem Lande, mit dem sie sich beschäftigt haben, aber doch auch mit anderen Ländern, weil die gründ-

[1]) So die Handelskammer Sonneberg (S. 22), Kommerzienrat Niedt und Geh. Kommerzienrat Steinbeis (S. 41, 50).

liche Beschäftigung mit einem Teil des Auslandes den Blick für fremdländische Verhältnisse überhaupt zu schärfen geeignet ist.

Die Möglichkeit, in der Heimat einen bestimmten Teil des Auslandes genau kennen zu lernen, kann noch für die Angehörigen mancherlei anderer Berufe nützlich werden. Seeoffiziere und Offiziere werden, wenn sie im Auslande verwendet werden, über die Verhältnisse unvergleichlich viel bessere Berichte liefern, wenn sie ordentlich vorgebildet sind. Missionare können sich Kenntnisse erwerben, die ihnen die Seelsorge erheblich erleichtern werden. Parlamentarier können sich eine besondere Sachkunde für einen bestimmten Teil des Auslandes aneignen, und ihre gelegentlichen Studienreisen werden in ganz anderem Maße für sie selbst und die Gesamtheit fruchtbar sein. Journalisten werden durch eine solche Vorbildung in den Stand gesetzt, im Auslande bessere Beobachtungen zu machen, im Inlande aber die ausländischen Berichte, namentlich den Inhalt der Zeitungen, besser zu würdigen und zu benutzen. In einzelnen Fällen werden auch Ingenieure und Landwirte ein Interesse daran haben, durch eine solche Vorbildung sich ihre künftige Tätigkeit im Auslande zu erleichtern.

Indem man unseren Diplomaten, Konsuln, Handelssachverständigen und Kaufleuten, unseren Seeoffizieren und Offizieren, Missionaren, Parlamentariern, Journalisten und anderen Kreisen die Möglichkeit gibt, sich ganz besonders für ein bestimmtes Erdgebiet brauchbar zu machen, dient man in hohem Maße dem nationalen Interesse. Man wendet ein Prinzip an, das für ein Volk wie für ein einzelnes Unternehmen eine gewaltige Machtsteigerung bedeutet, das Prinzip der Arbeitsteilung. Die Arbeitsteilung ist von solchem Werte, weil sie es möglich macht, die Kräfte des Einzelnen im Dienste eines Ganzen besser auszunutzen. Eine Gefahr besteht darin, daß bei ihr der Einzelne leicht einseitig wird und nach Verlust der gegenwärtigen Arbeit schwer wieder eine für ihn passende Arbeit findet. Damit diese Gefahr vermieden wird muß die Ausbildung für einen bestimmten Teil des Auslandes mit einer gediegenen Allgemeinbildung Hand in Hand gehen.

Indem man die Möglichkeit der Vorbildung für bestimmte Teile des Auslandes schafft, nützt man aber ganz besonders auch zwei Erwerbszweigen, die für die Entwicklung unseres Volkes eine stets wachsende Bedeutung haben: dem Handel und der Industrie. Der Warenhandel erlangt Kräfte, die durch ihre Schulung besonders befähigt sind, den Verkauf nach fremden Ländern und den Einkauf in ihnen zu besorgen. Er wird unabhängiger gegenüber den nicht immer zuverlässigen Eingeborenen. Der Umsatz im Verkehr mit dem Ausland und der Ertrag des Auslandsgeschäftes steigen. Den gegenwärtigen Exporteuren und Importeuren wird allerdings dadurch, daß junge Leute auf das Ausland hingewiesen und für den Verkehr mit ihm geschult werden, vermutlich eine Konkurrenz erwachsen. Aber dafür werden ihnen bessere Angestellte als bisher zur Verfügung stehen, die es ihnen möglich machen, ihren Vorsprung zu behaupten. Groß ist der Vorteil der neuen Bildungsmöglichkeiten auch für die Industrie. Die Zahl der Exporteure steigt, jeder von ihnen aber hat bessere Kräfte zur Verfügung. So kann es nicht ausbleiben, daß der Absatz unserer Industrieerzeugnisse im Ausland einen großen Aufschwung nehmen wird und daß wir in steigendem Maße fähig sein werden, die Konkurrenz anderer Länder zu verdrängen. Endlich werden auch die Banken erheblichen Nutzen haben. Sie sind so stark an unseren industriellen Unternehmungen beteiligt, daß jeder Aufschwung der Industrie ihnen mit zu gute kommt. Zugleich aber finden sie auch für ihr unmittelbares Auslandsgeschäft, wie sie es vor allem durch Tochtergesellschaften betreiben, Angestellte, die den Umfang und Ertrag dieses Geschäftes bedeutend steigern können.

2. Man sollte nicht glauben, daß die Wichtigkeit einer guten Vorbildung für denjenigen, der als Kaufmann, als Beamter oder in anderer Eigenschaft im Auslande zu wirken hat, irgend jemand zweifelhaft wäre. Dennoch ist dies der Fall. Gegen den Wert einer solchen Vorbildung werden allerlei Bedenken geltend gemacht.

Man sagt, beim Kaufmann wie beim Beamten komme es viel mehr auf die Persönlichkeit als auf die Bildung an, das theoretische Studium des Auslandes könne ihm den erforderlichen klaren Blick nicht geben, wohl aber ihn verwirren und für das praktische Leben unbrauchbar machen [1]).

[1]) So für Kaufleute Geh. Kommerzienrat v. Borsig, für Beamte Unterstaatssekretär Göppert (S. 26, 32).

Daß es für die Leistungen des Kaufmanns und des Beamten in erster Linie auf seine Persönlichkeit ankommt, unterliegt keinem Zweifel. Es gibt kaufmännische Genies, die ohne jede theoretische Bildung ihren Weg gemacht haben: sie haben vermöge ihrer ungewöhnlichen Begabung sich autodidaktisch das erforderliche Wissen angeeignet und, soweit es ihnen fehlte, es durch natürliche Anlagen ersetzt. Es gibt auch Menschen, die so wenig begabt sind, daß ihnen die beste Ausbildung nichts helfen kann: ihnen fehlt es an dem klaren Blick und der raschen Entschlossenheit, die namentlich zum Kaufmann gehören, und all ihr Wissen ist für sie nutzlos. Aber zwischen diesen beiden Klassen steht doch die große Anzahl guter Mittelbegabungen, die durch Bildung die Fähigkeit erlangen, mit größerem Erfolge zu wirken. Mit ihnen muß unser Handels- wie unser Beamtenstand in erster Linie rechnen, denn sie braucht man, um die zahlreichen leitenden Stellungen zu besetzen. Es ist nicht zu bezweifeln, daß für sie eine theoretische Vorbildung und also auch die Möglichkeit einer Vorbildung für das Ausland vom allergrößten Werte ist. Wie die körperliche Begabung eines Menschen durch guten Turnunterricht gesteigert werden kann, so erlangen sie durch theoretische Ausbildung die Fähigkeit besserer Ausnutzung ihrer geistigen Kräfte.

Daß eine Ausbildung für das Ausland allen, die sie suchen, von Nutzen sein werde, darf man nicht erwarten. Es wird niemals an unvernünftigen Menschen fehlen, die die Hoffnung haben, durch eine solche Ausbildung die ihnen mangelnden Anlagen zu ersetzen, und sich einbilden, mit Hilfe irgend eines Hochschuldiploms im Leben besser fortzukommen. Für sie ist die theoretische Bildung in der Regel geradezu schädlich. Sie können das, was man sie lehrt, geistig nicht verarbeiten, und man kann fast von ihnen sagen: Wissen macht dumm. Aber die Gefahr, daß ungeeignete Elemente eine Bildungsstätte aufsuchen, darf uns nicht hindern, für geeignete eine solche zu schaffen. Auch die medizinische Staatsprüfung ist keine Gewähr dafür, daß jemand ein guter Arzt wird, und wer die Würde eines Diplom-Ingenieurs erlangt hat, ist darum noch kein brauchbarer Techniker. Der Wert der Universitäten und Technischen Hochschulen wird hierdurch nicht verringert.

Auch das hat man gesagt, das theoretische Studium eines Gebietes könne die Anschauung von ihm nicht ersetzen. Das Leben müsse die erste Lehrmeisterin des Kaufmanns wie des Beamten sein [1]).

Diese Anschauung ist vollkommen richtig. Sie spricht aber in keiner Weise dagegen, unsere Kaufleute und Beamten ordentlich für das Ausland vorzubereiten [2]). Eine gute theoretische Vorbildung hindert niemand, sich vom Leben belehren zu lassen. Im Gegenteil erleichtert sie es, sich die Lehren des Lebens anzueignen. Die theoretische Vorbildung für das Ausland soll den Aufenthalt im Auslande nicht ersetzen, sondern, abgesehen von der Anregung zum Besuch des Auslandes, die bessere Ausnutzung des Aufenthalts möglich machen. Genau wie jemand, der mit sprachlichen Vorkenntnissen in ein Land geht, sich die Landessprache rascher aneignen wird, ebenso wird auch derjenige, der schon eine gewisse Kenntnis der Verhältnisse mitbringt, sich an Ort und Stelle viel schneller mit allem vertraut machen können. Er wird mehr sehen, weil er mit Hilfe seiner theoretischen Bildung vieles sofort versteht, was einem anderen lange oder immer rätselhaft bleibt.

Bedenklich wird die Meinung, daß das Leben die erste Lehrmeisterin sein müsse, wenn sie so weit geht, jede theoretische Bildung zu verwerfen und das Heil nur in der Praxis zu suchen. Diese Ansicht hat früher in England geherrscht, sie ist eine der Ursachen, aus denen die englische Industrie gegenüber unserer durch die technischen Hochschulen geförderten mehr und mehr ins Hintertreffen gekommen ist. Unter dem bitteren Zwang der Verhältnisse haben die Engländer sie aufgeben müssen, sie haben den Wert der technischen Hochschulen erkannt und jetzt auch mit der Errichtung von Handelshochschulen begonnen. Den Männern unseres Wirtschaftsleben, die Mephistos „verachte nur Vernunft und Wissenschaft" zu ihrem Wahlspruch erkoren haben, sollte England zur Warnung dienen.

[1]) So das Vorsteheramt der Kaufmannschaft von Danzig (S. 19), Geh. Kommerzienrat v. Borsig, Bankdirektor Nathan, C. F. W. Nottebohm (S. 27, 41, 42).

[2]) So Geh. Kommerzienrat Beit v. Speyer, Geh. Kommerzienrat Orenstein, Rechtswalt Dr. v. Pustau und Kommerzienrat v. Wassermann (S. 23, 43, 45, 54).

Ferner hat man geltend gemacht, das theoretische Studium ausländischer Gebiete sei ziemlich wertlos, da die Verhältnisse sich fortwährend änderten[1]).

Diese Flüssigkeit der Verhältnisse besteht ohne Zweifel. Sie bedeutet eine Anforderung an denjenigen, der über ein Auslandsgebiet zu lehren hat. Er muß sich fortwährend auf dem Laufenden erhalten und durch Verfolgung der Literatur, fleißiges Zeitunglesen und gelegentliche Studienreisen dafür sorgen, daß sein Wissen nicht von den Verhältnissen überholt wird. Aber die gleiche Notwendigkeit besteht für jeden akademischen Lehrer. Der Jurist muß sich mit den so zahlreichen neuen Gesetzen bekannt machen, der Physiker sich die neuen Entdeckungen und Erfindungen aneignen und selbst der Historiker neuaufgefundene Urkunden berücksichtigen. Auf allen Gebieten muß der theoretische Unterricht dem beständigen Hinzutreten neuen Stoffes Rechnung tragen, deshalb darf man auch auf dem der Auslandskunde das Gleiche beanspruchen.

Die Flüssigkeit der Verhältnisse bedeutet auch eine Schwierigkeit für den, der sich für einen bestimmten Teil des Auslandes vorgebildet hat. Bis er in das Land kommt, ist vielleicht vieles anders geworden. Aber auf Grund seiner Vorbildung wird er leicht in der Lage sein, an Ort und Stelle die nötigen Korrekturen vorzunehmen, und seine Kenntnis von den bisherigen Zuständen wird ihn nicht verwirren, sondern es ihm erleichtern, die gegenwärtigen zu verstehen. Auch hier haben wir es mit einer ganz allgemeinen Erscheinung zu tun. Niemand wird das Studium an den Universitäten oder Technischen Hochschulen deswegen verwerfen wollen, weil das, was jemand dort gelernt hat, nach und nach veraltet. Die von jemand einmal erworbene Auffassung etwa für rechtliche Dinge erleichtert es ihm, sich in neue Gesetze einzuarbeiten, außerdem aber hat er in der Kenntnis des früheren Rechtszustandes noch ein besonderes Hilfsmittel zum Verständnis des aus ihm erwachsenen gegenwärtigen. Wer bei seinem Studium das Börsengesetz von 1896, dessen Inhalt, Entstehung und Wirkungen genau kennen gelernt hat, für den ist es gewiß viel leichter gewesen, sich mit der seit 1908 geltenden Fassung

[1]) Hierauf weist hin Konsul Dr. v. Eichborn (S. 29—30).

des Gesetzes vertraut zu machen. Ganz ebenso wird die Kenntnis, die jemand von einem fremden Lande erworben hat, selbst wenn sie inzwischen von den Verhältnissen überholt ist, ihm im Lande vom größten Nutzen sein.

Noch eins hat man eingewandt. Irgendwelche Anstalten zur Vorbildung für das Ausland brauchten nicht geschaffen zu werden, da ja derjenige, der ein fremdes Land aufsuche, in der Lage sei, sich vorher aus Büchern über das Land zu unterrichten.

Eine solche Meinung kann nur jemand aufstellen, der niemals den Versuch gemacht hat, sich aus Büchern gründlich mit einem Gegenstande bekannt zu machen. Sobald man in Büchern über einen schwierigen Gegenstand Belehrung sucht, findet man bald, daß es über ihn zahlreiche Bücher gibt, und man sieht sich außer stande, zu beurteilen, welche von ihnen die besten sind. Man findet in den Büchern ferner eine Fülle von Tatsachen, die man nicht alle dem Gedächtnis einprägen kann, und steht vor der Schwierigkeit, welche besonders wichtig, welche von geringerer Bedeutung sind. Endlich stellt sich auch bald heraus, daß verschiedene Bücher einander in wesentlichen Punkten widersprechen, und man weiß nicht, wie man sich aus dem Wirrsal sich widerstreitender Meinungen herausfinden soll.

Durch das lebendige Wort werden dem Hörer die wesentlichen Gesichtspunkte auf einem Gebiete mitgeteilt. Er erlangt ein gewisses Verständnis für dieses Gebiet, und nun erst ist er im stande, die Bücher, die ihm die Einzelheiten mitteilen sollen, richtig zu wählen und richtig zu benutzen, d. h. in ihnen Wesentliches und Unwesentliches zu unterscheiden und sich im Widerstreit der Meinungen ein Urteil zu bilden. Wie für die Philosophie, die Jurisprudenz und jede andere Wissenschaft, so gilt dies auch für die Auslandskunde. Erst wer einen theoretischen Unterricht über China genossen hat, ist in der Lage, sich in der gewaltigen Literatur über dieses Land zurechtzufinden und Gutes vom Schlechten zu unterscheiden.

2. Auslandsbildung und Auslandshochschule.

1. Wir brauchen für unsere Kaufleute, Beamten, Missionare, Parlamentarier, Journalisten und noch für weite andere Kreise:

unseres Volkes Möglichkeiten zur gediegenen Vorbildung für das Ausland. Was gegenwärtig geboten wird, genügt nicht. Neues und Besseres muß geschaffen werden. Wir brauchen eine Auslandshochschule.

Aber sollte wirklich die Fülle von Bildungsanstalten, die wir in Deutschland haben, keine genügende Gelegenheit bieten, sich für das Ausland vorzubereiten? Unsere Universitäten sind in den letzten Jahrzehnten nach mancher Richtung hin ausgebaut worden und so auch nach der Seite der Auslandskunde. An die Universität Berlin hat man 1887 das vom Reich unterstützte Seminar für orientalische Sprachen angegliedert, an die Universität Kiel 1914 das Institut für Seeverkehr und Weltwirtschaft. Es sind auch mancherlei Bildungsanstalten neu geschaffen worden und unter ihnen solche, an denen ein größeres oder geringeres Maß von Vorkenntnissen für den Aufenthalt im Auslande übermittelt wird. Hier kommen das Hamburgische Kolonialinstitut und die Handelshochschulen in Betracht. Sollte alles dies nicht genügen?

Zu einer gediegnen Vorbildung für das Ausland gehört zweierlei: eine gewisse Allgemeinbildung und die Kenntnis eines bestimmten Teiles der Erde. Wer sich als Beamter, als Kaufmann oder als Angehöriger eines anderen Berufes für das Ausland vorbilden will, muß vor allem die Möglichkeit haben, sich eine solche Allgemeinbildung anzueignen, wie sie dem Verständnis eines jeden Auslandsgebietes dient. Diese Bildung muß in der Hauptsache eine geographisch-juristisch-ökonomische sein. Ein geschulter Blick für die Gestaltung der Erdoberfläche und ihren Einfluß auf das menschliche Leben, für rechtliche und staatliche und für volks- und privatwirtschaftliche Verhältnisse ist nicht nur an sich von großem Werte, sondern befähigt ganz besonders auch dazu, die Eigenart eines fremden Landes zu verstehen, die ja in allererster Linie eine geographisch-juristisch-ökonomische ist.

Wer sich in irgend einer Eigenschaft für das Ausland vorbilden will, muß aber ferner auch die Möglichkeit haben, sich mit einem bestimmten Erdgebiet vertraut zu machen. Hier können die verschiedensten Gebiete in Betracht kommen, für uns werden diejenigen im Vordergrund stehen, in denen Deutschland größere politische oder wirtschaftliche Interessen hat oder zu erlangen hofft, wie etwa Rußland, Vorderasien, Ostasien und Südamerika. Es muß Gelegenheit geboten sein, die wichtigsten Erdgebiete im ganzen kennen zu lernen, derart daß ein nicht allzu lange ausgedehntes Studium eine allseitige Kenntnis eines Erdgebietes vermittelt, nicht nur seiner Sprache, sondern auch seiner natürlichen, rechtlichen und wirtschaftlichen Verhältnisse.

Diese Erfordernisse einer guten Vorbildung für das Ausland sind gegenwärtig nirgendwo vereinigt.

An den Universitäten kann man eine geographisch-juristisch-ökonomische Allgemeinbildung nicht leicht erlangen. Geographie, Jurisprudenz und Nationalökonomie werden zu dem Zwecke gelehrt, reine Geographen, Juristen und Nationalökonomen auszubilden, und infolgedessen in einem Umfange, der es außerordentlich schwer macht, sich gleichzeitig in diese drei Wissenszweige einzuarbeiten. Privatökonomie wird auf den meisten Universitäten, so z. B. auch auf der Universität Berlin, überhaupt nicht gelehrt. Infolgedessen kann man sich die Allgemeinbildung, die zur Vorbereitung für das Ausland gehört, nicht oder doch nur mit übergroßem Zeitaufwand aneignen.

Auch dazu bieten die Universitäten keine Gelegenheit, für die wichtigsten Erdgebiete die erforderliche Sprach- und Sachkenntnis zu erlangen. An den Universitäten Berlin und Kiel werden allerdings Vorlesungen über Weltwirtschaftslehre und ähnliche Gegenstände gehalten. Aber diese Vorlesungen, die in wenigen Stunden einen Überblick über das gesamte Ausland und dessen Beziehungen zu Deutschland geben wollen, sind ihrer ganzen Art nach nicht geeignet, eine gründliche Kenntnis von irgend einem bestimmten Teile des Auslandes zu vermitteln. Das orientalische Seminar der Universität Berlin bietet ausgezeichneten Unterricht in den Sprachen der verschiedensten Gebiete, aber es ist im wesentlichen bloße Sprachschule. Nur ganz wenige Vorlesungen beschäftigen sich mit den Verhältnissen fremder Länder, und eine Gelegenheit, sich auch nur mit den wichtigsten Teilen des Auslandes näher bekannt zu machen, ist nicht gegeben.

Auch die Handelshochschulen leisten zur Vorbildung für das Ausland nicht das Erforderliche. Sie geben allerdings eine Allgemeinbildung, die es demjenigen, der ins Ausland kommt, erleichtert, sich mit den Verhältnissen bekannt zu machen. Geographie, Jurisprudenz, National- und Privatökonomie werden an ihnen in einer auf das Grundsätzliche beschränkten Kürze und zugleich im engsten Zusammenhang mit einander gelehrt. Dieser zunächst für die Ausbildung des Kaufmanns bestimmte Unterricht ist zugleich die allerbeste nur denkbare Vorbereitung für das Studium fremder Länder.

Dagegen fehlt an den Handelshochschulen die Möglichkeit einer sprachlichen und sachlichen Vorbereitung auch nur für die wichtigsten Erdgebiete. Allerdings werden an ihnen Vorlesungen über Weltwirtschaftslehre in weiterem Umfange als an den Universitäten gehalten. Aber so nützlich diese Vorlesungen zur Allgemeinbildung z. B. des Exporteurs sind, so wenig sind sie im stande, von bestimmten einzelnen Auslandsgebieten ein gründliches Wissen zu vermitteln.

Am ersten sollte man von dem Hamburgischen Kolonialinstitut erwarten, daß es die erforderlichen Möglichkeiten zur Vorbildung für das Ausland böte. Das Vorlesungsverzeichnis des Instituts enthält eine großartige Zusammenstellung von Vorlesungen, sogar über Theologie und Philosophie, über Zoologie und Botanik, über Nautik und Medizin, aber die allgemeine Bildung, die dem Studium fremder Länder dient, wird trotzdem nur ziemlich lückenhaft gewährt. Den besonderen Bedürfnissen zahlreicher einzelner Berufe, etwa des Botanikers, des Arztes, des Ingenieurs und des Geistlichen, ist zum Teil in erstaunlicher Weise Rechnung getragen, dagegen für die gemeinsamen Bedürfnisse der verschiedensten Berufe ist merkwürdig wenig getan. Es fehlt so gut wie ganz an privatökonomischen Vorlesungen, und auch an zusammenfassenden geographischen und juristischen Vorlesungen ist Mangel.

Auch die Vorbildung für einzelne Erdgebiete läßt am Hamburgischen Kolonialinstitut zu wünschen übrig. Der Sprachunterricht ist gut ausgestaltet, der sachliche desto weniger. Wie beim berliner Orientalischen Seminar stehen die Sprachkurse durchaus im Vordergrunde, Vorlesungen über die Verhältnisse fremder Länder werden nur in ganz geringem Umfange gehalten.

So besteht die bedauerliche Tatsache, daß wir in Deutschland trotz unserer mannigfachen Unterrichtsanstalten keine genügende Möglichkeit zur Vorbildung für das Ausland haben. Die Universitäten haben für eine solche Vorbildung bisher fast nichts getan, im wesentlichen kommt nur der Sprachunterricht am berliner orientalischen Seminar in Betracht. Die Handelshochschulen geben eine Allgemeinbildung, die für den Aufenthalt im Ausland dienlich ist, bieten aber keine Gelegenheit, sich für einzelne Teile des Auslandes gründlich vorzubereiten. Das Hamburgische Kolonialinstitut hat Ansätze sowohl zur Gewährung der erforderlichen Allgemeinbildung wie zu einem Unterricht über einzelne Länder, aber diese Ansätze sind zu wenig entwickelt.

2. Unter diesen Umständen müssen neue Einrichtungen zur Vorbildung für das Ausland geschaffen werden.

Diese Erkenntnis ist neuerdings immer allgemeiner geworden. Sie hat namentlich Ausdruck gefunden in der Forderung einer deutschen Auslandshochschule, wie sie von Dr. Palme, Lehrer am berliner orientalischen Seminar, und im Anschluß an ihn von Professor Pohl in Greifswald erhoben worden ist.

Man hat gegen das Wort „Auslandshochschule" Bedenken geltend gemacht, man hat namentlich gesagt, es gebe keine Auslandswissenschaft, also könne auch nicht von einer Auslandshochschule die Rede sein. Aber es gehört keineswegs zu einer Hochschule eine ihr entsprechende Wissenschaft. Die Technischen Hochschulen sind Hochschulen, obwohl es keine einheitliche technische Wissenschaft gibt, und die Handelshochschulen sind es, obwohl die Handelswissenschaft nur einen kleinen Teil von ihnen bildet. Zu einer Hochschule gehört nur dieses, daß ein geschlossener Kreis von Gegenständen (an den Universitäten ist es das ganze Sein) nach den Gesetzen wissenschaftlicher Forschung behandelt wird, und in diesem Sinne wird man auch von einer Auslandshochschule sprechen dürfen.

Mag der Ausdruck gut oder schlecht sein, was mit ihm gemeint ist, unterliegt keinem Zweifel: Einrichtungen, die unser stets wachsendes Bedürfnis nach gediegener Vorbidung für das Ausland zu befriedigen geeignet sind. In diesem Sinne ist die Forderung einer Auslandshochschule voll berechtigt. Es erheben sich nur zwei Fragen, erstens: was soll die Auslandshochschule bieten und wie soll sie organisiert sein? zweitens: in welcher Weise kann sie am besten verwirklicht werden?

Es ist von der größten Wichtigkeit, diese Fragen mit Sorgfalt zu beantworten. Die bisherigen Äußerungen zu gunsten der Auslandshochschule geben kein hinreichend klares Bild von dem, was geschaffen werden soll. Die Vertreter des Gedankens interessieren sich nur für einzelne Teile der Auslandshochschule: Palme besonders für das, was er Nationenwissenschaft nennt, Pohl für seine Völkerrechtsabteilung, während alle übrigen Teile der Auslandshochschule im Dunkeln bleiben.

Der Gedanke der Auslandshochschule wird nur dann die rechte Werbekraft entfalten, wenn man sich der freilich schwierigen Aufgabe unterzieht, sie greifbar vor uns hinzustellen. Ein ausgeführter Organisationsplan der Auslandshochschule wird freilich mancherlei Angriffspunkte bieten, die der allgemein hingestellte Gedanke nicht hat. Aber anderseits wird schon durch die genaue Darstellung dessen, was geschaffen werden soll, eine Menge von Bedenken zerstreut werden. Überdies ist der Plan ja nichts Unabänderliches. Die Einwendungen, die er hervorruft, können zu seiner Verbesserung verwandt werden, und von allgemeinen Gedanken und Forderungen gelangt man so auf das Gebiet bestimmten Gestaltens.

II. Plan der Auslandshochschule.

1. Allgemeinwissenschaftlicher Unterbau.

1. Zu einer Auslandshochschule, die eine gediegene Vorbildung für das Ausland gewähren will, gehört zweierlei: ein allgemeinwissenschaftlicher Unterbau und ein landeskundlicher Oberbau. Die Auslandshochschule muß erstens eine Allgemeinbildung gewähren, die das Wirken im Ausland erleichtert. Sie muß zweitens eine Kenntnis der wichtigsten Erdgebiete und ihrer Sprache übermitteln. Der allgemeinwissenschaftliche Unterbau braucht vor allem drei

Bestandteile: geographischen, juristischen, national- und privatökonomischen Unterricht. Daneben kommt noch manches andere in Betracht.

Die erste Voraussetzung für das Wirken im Ausland ist geographische Bildung, d. h. über die bloße Kenntnis der Erdoberfläche hinaus die Fähigkeit, die ein Land betreffenden geographischen Tatsachen in ihrer Bedeutung zu würdigen und zu einer Gesamtanschauung des Landes zusammenzufassen.

Die natürliche Gestaltung eines Landes hat einen großen Einfluß auf alle seine Verhältnisse. Seine Lage, seine Verbindung mit anderen Ländern, sein Klima, seine Ausstattung mit Küsten, Flüssen und Gebirgen, seine Bodenschätze, seine Pflanzen- und Tierwelt, die Art seiner Bevölkerung, dies und anderes ist von der größten Bedeutung für das Leben des Landes. Eine Änderung in jenen Tatsachen hat nicht selten eine vollständige Umwälzung der Verhältnisse zur Folge, und man kann die Verhältnisse nicht verstehen, wenn man nicht mit jenen Tatsachen bekannt ist.

Aber nicht nur aus diesem Grunde ist es wertvoll, die natürliche Beschaffenheit eines Landes zu kennen, es ist auch von unmittelbarem praktischem Nutzen. Für den Kaufmann, der mit einem fremden Lande zu tun hat und sich nicht darauf beschränken will, ausgetretene Wege zu gehen, ist es unumgänglich, daß er die Bodenschätze, die Tier- und Pflanzenwelt des Landes, seine Energiequellen, seine Land- und Wasserstraßen, seine Verbindungen mit anderen Ländern, den Charakter seiner Bevölkerung und vieles Ähnliches kennt. Ganz ebenso kann ein Diplomat nur mit Erfolg wirken, wenn ihm diese Naturtatsachen, bekannt sind: in dem Augenblick, in welchem ein Gebiet der Erde zur Verteilung kommt, wird dasjenige Volk am besten fahren, dessen Diplomatie über die genaueste Kenntnis dieses Gebietes verfügt.

Die Kenntnis eines fremden Landes kann man sich aber viel leichter aneignen, wenn man allgemeingeographisches Verständnis besitzt. Wer die Zusammenhänge zwischen der Küstenentwicklung der Länder, ihrer Ausstattung mit Strömen und Gebirgen, ihrer Tier- und Pflanzenwelt und ihrem Wirtschaftsleben zu betrachten gewohnt ist, der wird in einem Lande nach kurzer Beobachtung einen tieferen

Einblick in die Verhältnisse haben als ein anderer, dem diese Zusammenhänge verschlossen sind, nach langer Zeit. Deshalb gehört zu dem allgemeinwissenschaftlichen Unterbau der Auslandshochschule ein geographischer Unterricht, der es ermöglicht, die geographischen Verhältnisse eines einzelnen Erdgebietes besser zu überblicken und ihre Tragweite zu würdigen. Bei diesem Unterricht handelt es sich nicht darum, daß der Lernende eine ins einzelne gehende Kenntnis der Erdoberfläche erlangt, sondern sein Blick soll für die geographischen Tatsachen und Zusammenhänge geschärft werden, und nur soweit es diesem Zwecke dient, braucht er sich geographisches Wissen anzueignen.

Zu einem solchen geographischen Unterricht, der dem Studium einzelner Erdgebiete die sichere allgemeine Grundlage geben soll, gehört eine Vorlesung über allgemeine Geographie, sodann eine solche, die einen geographischen Überblick über die Erdoberfläche bietet, endlich eine solche über allgemeine Wirtschaftsgeographie: jede dieser Vorlesungen wird ein Semester lang zwei Wochenstunden in Anspruch nehmen. Hinzutreten muß eine Vorlesung, welche die allgemeingeographischen Lehren an einem einzelnen Erdgebiete erläutert, sie wird drei Wochenstunden fordern. Vom Beginn des Studiums an müssen neben den Vorlesungen Übungen einherlaufen, bei denen es sich vor allen Dingen darum handelt, die Teilnehmer zur richtigen Deutung geographischer Tatsachen zu erziehen.

Dieser geographische Unterricht läßt sich so einteilen, daß der Lernende vier Semester lang jede Woche etwa drei Stunden auf geographische Vorlesungen und Übungen verwendet. An ihm wird jeder Besucher der Auslandshochschule teilnehmen müssen. Die geographische Bildung ist bei uns wenig verbreitet, in der Regel kann man sie beim Kaufmann ebensowenig voraussetzen wie beim Parlamentarier, Beamten oder Journalisten.

2. In hohem Maße förderlich für das Verständnis fremder Länder ist ferner juristische Bildung.

Das Leben eines Volkes wurzelt zum großen Teil in seinem Recht, im Verfassungsrecht nicht nur, sondern auch z. B. im Eigentums-, Vertrags-, Familien- und Erbrecht. Das Recht eines

Volkes erwächst aus seiner Eigenart, wirkt dann aber wieder sehr stark auf diese Eigenart zurück, es besteht eine Wechselwirkung zwischen dem Recht eines Volkes und seiner gesamten Kultur. Das Recht der romanischen Völker, das angelsächsische und das chinesische Recht, jedes von ihnen bringt die Eigenart eines bestimmten Kulturkreises zum Ausdruck, und man kann nicht in das Wesen eines dieser Kulturkreise eindringen, ohne nicht zum mindesten die Grundzüge des in ihm geltenden Rechtes zu beherrschen.

Das Recht eines Volkes zu kennen hat überdies unmittelbaren praktischen Wert. Ohne eine gewisse Rechtskenntnis kann man sich nicht sicher bewegen, wie im Inlande, so auch in fremden Ländern. Der Beamte bleibt vor Mißgriffen, der Kaufmann vor Verlusten bewahrt, wenn er mit dem Recht des Landes, in welchem er lebt, einigermaßen vertraut ist. Hierzu gehört nicht etwa Kenntnis der Gesetzesbestimmungen im einzelnen, es genügt die Beherrschung der Grundgedanken. Der Kaufmann muß z. B. wissen, in welchen Formen Verträge geschlossen werden, was für Rechte aus ihnen das Gesetz gewährt und was für welche man sich vertraglich sichern muß, in welcher Art die Gerichte verfahren und ob man ihnen Vertrauen schenken darf.

Alle Rechte haben eine gewisse Verwandtschaft. Wer in dem Rechte des eigenen Volkes einigermaßen Bescheid weiß, wird sich leicht auch in denen anderer Völker zurecht finden. Deshalb ist es notwendig, daß die Auslandshochschule einen gewissen Unterricht im deutschen Recht erteilt und damit eine geistige Schulung gewährt, die es möglich macht, sich das Wesentliche fremder Rechte anzueignen. Bei diesem Unterricht darf das Ziel nicht sein, den Lernenden mit allen Einzelheiten bekannt zu machen, sondern ihm sind nur die großen Grundgedanken unseres Rechts mitzuteilen, und es ist ein solches Verständnis bei ihm zu erwecken, daß er fähig ist, selbständig weiterzuarbeiten.

Zu einem solchen auf das Grundsätzliche gerichteten Rechtsunterricht gehört vor allem eine Vorlesung über bürgerliches Recht, die aber nicht wie an den Universitäten zwei Semester lang zehn Stunden die Woche in Anspruch nehmen darf, sondern sich auf das Grundsätzliche beschränken und dies in einem Semester in einer drei- oder vierstündigen Vorlesung geben muß. Es müssen Vorlesungen über Handels-, Wechsel-, Zivilprozeß- und Konkursrecht hinzutreten: die Vorlesung über Handelsrecht darf drei, die über Zivilprozeß zwei, die über Wechsel- und Konkursrecht je eine Wochenstunde in Anspruch nehmen. Weiter müssen Vorlesungen über Staats-, Verwaltungs- und Völkerrecht gehalten werden: für jede dieser Vorlesungen kann man ein bis zwei Wochenstunden rechnen. Mit den Vorlesungen müssen Übungen Hand in Hand gehen, die dem Teilnehmer helfen, sich das Gelernte wahrhaft anzueignen, und ihn gewöhnen, die in einem einzelnen Falle maßgebenden gesetzlichen Bestimmungen aufzufinden, sie richtig auszulegen und sich dabei der literarischen Hilfsmittel zu bedienen.

Der zum allgemeinwissenschaftlichen Unterbau der Auslandsbildung erforderliche Rechtsunterricht läßt sich so einteilen, daß der Lernende vier Semester lang jede Woche etwa fünf Stunden auf juristische Vorlesungen und Übungen verwendet. Die Beamten die die Auslandshochschule besuchen, werden in der Regel als Juristen auf den Rechtsunterricht verzichten können. Dagegen wird er für die meisten anderen Besucher wertvoll sein, namentlich für die Kaufleute, aber auch für Offiziere, Marineoffiziere, Missionare, Journalisten und einen Teil der Parlamentarier.

3. Von großem Wert für das Verständnis fremder Länder ist drittens national- und privatökonomische Bildung, d. h. Einsicht in das Wirtschaftsleben.

Bei der Betrachtung des Wirtschaftslebens können wir zwei verschiedene Standpunkte einnehmen. Wir können es ansehen vom Standpunkte der Einzelwirtschaft aus, indem wir feststellen, wie irgendwelche Tatsachen auf den Betrieb der Einzelwirtschaft, namentlich des kaufmännischen oder industriellen Unternehmens, wirken, und mit dieser Erkenntnis zugleich zu einer Technik des einzelnen Wirtschaftsbetriebes gelangen. Wir können das Wirtschaftsleben aber auch vom Standpunkt der Volkswirtschaft aus betrachten, hier interessiert uns, wie irgendwelche Tatsachen auf das Wirtschaftsleben eines Volkes im ganzen oder der Gesamtheit der Völker wirken, und mit den gewonnenen Ergebnissen gelangen wir zu Sätzen der Volkswirtschaftspolitik.

Das Wirtschaftsleben eines Volkes ist in dessen Dasein von der größten Bedeutung. Man braucht nicht soweit zu gehen wie der Marxismus, der das Wirtschaftsleben als die Grundlage der gesamten Kultur eines Volkes auffaßt und in allen geistigen Erscheinungen nur Reflexe einer bestimmten Stufe wirtschaftlicher Entwicklung erblickt. Immerhin wird man anerkennen müssen, daß das Wirtschaftsleben eines Volkes auf sein ganzes Dasein einen sehr großen Einfluß hat und daß man ein Land nicht verstehen kann, ohne mit seinem Wirtschaftsleben innig vertraut zu sein.

Das Wirtschaftsleben eines Volkes zu kennen, hat aber auch hohen praktischen Wert. Daß der Kaufmann im Auslande die privat- und volkswirtschaftlichen Verhältnisse aufs genaueste kennen muß, ist ohne weiteres klar, denn in diesen Verhältnissen hat er ja selbst zu wirken. Das gleiche gilt aber auch für den Beamten, den Marineoffizier, den Offizier, der in fremden Ländern tätig sein soll oder doch über sie zu berichten hat, es gilt für den Parlamentarier, der eine tiefere Sachkenntnis für ein bestimmtes Erdgebiet haben möchte, und für den Journalisten, der die Heimat über ein solches in Kenntnis halten will. Denn die wirtschaftliche Verflechtung der Völker hat heute einen solchen Grad erreicht, daß wirtschaftliche Beziehungen auch die politischen beeinflussen und beherrschen. Für alle jene, die im deutschen Interesse in einem fremden Lande zu wirken haben, ist deshalb ein gutes Verständnis der privat- und volkswirtschaftlichen Verhältnisse des Landes unerläßlich.

Das Eindringen in die wirtschaftlichen Verhältnisse eines fremden Landes ist aber bedingt durch allgemeine national- und privatökonomische Vorkenntnisse. Deshalb gehört zum allgemeinwissenschaftlichen Unterbau der Auslandshochschule auch ein national- und privatökonomischer Unterricht. Der nationalökonomische Unterricht muß, ohne sich in allzu feine Einzelheiten zu verlieren, dem Lernenden soviel Einblick geben, wie erforderlich ist, um die Tatsachen des Wirtschaftslebens vom Standpunkte der Volksgesamtheit aus zu verstehen. Der privatökonomische Unterricht muß ihn dahin führen, daß er sie auch vom Standpunkt der Einzelunternehmung aus würdigen kann.

Zu diesem Zwecke müssen von nationalökonomischen Vorlesungen gehört werden theoretische Nationalökonomie,

Volkswirtschaftspolitik und Finanzwissenschaft: die beiden ersten werden je vier Wochenstunden im Semester, die letzte wird zwei Wochenstunden in Anspruch nehmen. Von privatökonomischen Vorlesungen müssen zunächst einige Vorlesungen gehört werden, die den Geschäftsbetrieb im allgemeinen betreffen: Vorlesungen über Privatwirtschaftslehre werden vier Wochenstunden, solche über Buchhaltung zwei Wochenstunden eines Semesters in Anspruch nehmen; sodann aber auch solche Vorlesungen, die durch den Einblick in eine besondere Art von Geschäftsbetrieb, etwa den Warenhandel, die Industrie oder das Bankwesen, die allgemeine privatökonomische Erkenntnis vertiefen: für sie wird man im ganzen sechs bis acht Wochenstunden ansetzen müssen. Neben den Vorlesungen müssen auch auf national- und privatökonomischem Gebiete unterstützende und belebende Übungen einhergehen, die den Teilnehmer gewöhnen, die ihm mitgeteilten Begriffe und Gesetze auf die Erscheinungen des Lebens anzuwenden.

Der zum allgemeinwissenschaftlichen Unterbau der Auslandsbildung gehörige national- und privatökonomische Unterricht läßt sich derart einteilen, daß während eines Studiums von vier Semestern acht Stunden die Woche auf das Studium der National- und Privatökonomie verwandt werden. Dieser national- und privatökonomische Unterricht wird für jeden von Wichtigkeit sein, der sich für das Ausland vorbilden will, nicht nur für den Kaufmann, sondern vielfach auch für den Beamten, Missionar, Parlamentarier und Journalisten, denn diese werden nicht immer nationalökonomische, nur selten privatökonomische Bildung besitzen.

4. Ein geographischer, juristischer, national- und privat-ökonomischer Unterricht sind notwendige Bestandteile des allgemeinwissenschaftlichen Unterbaus der Auslandshochschule, weil sie für alle ihre Besucher in Betracht kommen. Als Ergänzung dieses Unterbaues ist dann noch ein Unterricht in solchen Gegenständen zu erteilen, die vorzugsweise für engere Kreise mit besonderen Bedürfnissen von Wert sind. Während jener erste Unterricht von Anfang an vollständig vorhanden sein muß, wird man bei der Einrichtung dieses letzten schrittweise vorgehen und sich zunächst mit dem Wichtigsten begnügen können.

Für den Beamten oder Offizier, der im Auslande zu wirken hat, für den Parlamentarier oder Journalisten, der sein besonderes Interesse dem Auslande zuwendet, wird ein historisch-politischer Unterricht vom größten Werte sein. Die Kenntnis der neuesten Geschichte ist bei uns gering, die der politischen Beziehungen zu anderen Völkern geradezu dürftig. Für sehr viele, die die Auslandshochschule besuchen, wird es deshalb wichtig sein, sich zunächst ein gewisses allgemeines Verständnis der neuesten Geschichte und Politik anzueignen, um die Beziehungen Deutschlands zu einem bestimmten Lande besser würdigen und in ihm mit größerem Erfolge wirken zu können.

Für den Kaufmann, der im Dienste eines industriellen Unternehmens in das Ausland geht, wird ein Unterricht in chemischer oder mechanischer Technologie von Nutzen sein. Er hat nicht die Zeit, sich mit den Maschinen, Chemikalien oder Textilwaren, die er zu verkaufen hat, in einem eingehenden Studium auf einer Technischen Hochschule vertraut zu machen. Anderseits ist für ihn eine etwas tiefer gehende Kenntnis dieser Gegenstände sehr wertvoll. Es ist deshalb wünschenswert, daß ihm die Auslandshochschule die Gelegenheit bietet, sich wenigstens mit den Grundgedanken der mechanischen oder chemischen Technologie bekannt zu machen.

Für denjenigen, der besondere theoretische Interessen mit ins Ausland nimmt, wird je nach der Art dieser Interessen ein Unterricht in mancherlei anderen Gegenständen von Bedeutung sein. Wenn die Auslandshochschule in zusammenfassenden Vorlesungen einen Einblick in die wichtigsten Lehren der Geologie, der Botanik, der Zoologie, der Völkerkunde, der Kultur-, Literatur- und Kunstgeschichte darbietet, so wird sie damit manchem die Möglichkeit zu wertvollen Beobachtungen geben, die seinen Aufenthalt im Ausland für ihn selbst und damit zugleich für die Gesamtheit ertragreicher machen.

2. Landeskundlicher Oberbau.

1. Damit eine Auslandshochschule eine geeignete Vorbildung für das Ausland gibt, muß sich aber auf dem allgemeinwissenschaftlichen

Unterbau ein umfassender landeskundlicher Oberbau erheben. Für die wichtigsten Erdgebiete müssen Auslandsinstitute vorhanden sein, deren jedes dem Studium eines besonderen Gebietes dient und durch Vorlesungen, Übungen und Sammlungen eine allseitige Anschauung von ihm gibt.

Aber ist es wirklich zweckmäßig, solche Institute zu schaffen? Soll man den Unterricht über das Ausland statt nach Ländern nicht lieber nach Sachgebieten gliedern, derart daß ein Dozent nicht über die Verhältnisse der Balkanstaaten oder Rußlands oder der Vereinigten Staaten von Nordamerika zu lehren hat, sondern etwa über Welthandelsrecht, Welthandelslehre, Weltwirtschaftslehre oder Weltpolitik? Manche sind dieser Meinung.

Eines ist gewiß. Solche erdumspannende Vorlesungen über ein bestimmtes Sachgebiet können nützlich sein. Sie ermöglichen es, das Einheimische mit dem Fremden zu vergleichen und nach seinem Wert oder Unwert zu beurteilen, und sie führen die Beziehungen vor Augen, die zwischen den Völkern bestehen. Solche Vorlesungen zu halten, ist freilich keine leichte Aufgabe. Es besteht die Gefahr, daß ohne wirkliche Vollständigkeit, ohne strenge Gliederung und ohne Erkenntnis der weltgeschichtlichen Zusammenhänge allerlei zusammengeraffte Tatsachen vorgetragen werden. Es gehört viel Fleiß, viel Sprachkenntnis und ein außerordentlicher Überblick dazu, um auch auf einem begrenzten Gebiete die Verhältnisse der ganzen Erde zusammenzufassen. Die vielen Bände der vergleichenden Darstellung des deutschen und ausländischen Strafrechts, welche als Vorarbeit für das neue deutsche Strafgesetzbuch von zahlreichen Gelehrten in jahrelanger Arbeit geschaffen worden sind, zeigen anschaulich, was für Aufgaben eine gründliche Behandlung solcher internationaler Probleme zu bewältigen hat [1]).

Aber auch angenommen, es gelänge, für die wichtigsten Sachgebiete solche international zusammenfassende Vorlesungen zu stande zu bringen, so würden sie doch ganz ungeeignet sein, eine gediegene Vorbildung für das Ausland zu gewähren. Entweder es werden nur wenige große Vorlesungen dieser zusammenfassenden Art gehalten,

---

[1]) Gut hierüber Palme, Die deutsche Auslandshochschule S. 36/38.

dann kann man sie alle hören, aber man erlangt nur einen ganz allgemeinen Überblick und von keinem Lande eine genauere Kenntnis. Oder aber es werden zahlreiche solche Vorlesungen über alle möglichen einzelnen Gegenstände gehalten, alsdann ist es unmöglich, sie alle zu hören, ohne durch die Überfülle der mitgeteilten Tatsachen erdrückt zu werden, hört man aber nur einzelne von ihnen, so erlangt man von zahlreichen Ländern eine lückenhafte, von keinem eine gründliche Kenntnis.

In jedem Falle sind diese international zusammenfassenden Vorlesungen pädagogisch äußerst bedenklich. Es besteht die Gefahr, daß der Hörer durch die Menge der in verschiedenen Gebieten bestehenden Verhältnisse gänzlich verwirrt wird und nun nicht weiß, wie es in irgend einem dieser Gebiete aussieht, macht man doch bei solchen, die eine Vorlesung über Weltwechselrecht gehört haben, nur zu oft die Beobachtung, daß sie nicht einmal die einfachsten Sätze unseres deutschen Wechselrechtes kennen. Deshalb geht es allenfalls an, wenn jemand neben den auf ein bestimmtes Erdgebiet beschränkten Vorlesungen die eine oder andere Vorlesung dieser Art hört, dagegen würde es verderblich sein, demjenigen, der Vorbildung für das Ausland sucht, einen ganzen Kreis solcher Vorlesungen zuzumuten.

Der Gedanke, die Vorbildung für das Ausland durch international zusammenfassende Vorlesungen zu geben, ist von Grund aus verfehlt. Soll nicht alles auf Dilettantismus und Oberflächlichkeit hinauslaufen, so können sich der Kaufmann, der Beamte, der Journalist oder Parlamentarier nicht für das Ausland im ganzen bilden, sondern nur für einen bestimmten Teil des Auslandes. Dazu gehört aber, daß der Unterricht über das Ausland nicht nach Sachgebieten, sondern nach Ländern gegliedert ist. Es müssen *Auslandsinstitute für die wichtigsten Erdgebiete* geschaffen werden.

Eine solche Gliederung nach Ländern hat die größten Vorteile. Der Unterricht ist im stande, in unvergleichlich stärkerem Maße als bei einer Gliederung nach Sachgebieten dem inneren Zusammenhang der Dinge gerecht zu werden. Dieser innere Zusammenhang liegt in Land und Volk. Die Eigenart eines Volkes gründet sich zum großen Teil auf die natürliche Beschaffenheit seines Landes, und auf dieser Eigenart beruhen wieder die rechtlichen, ökonomischen und kulturellen Verhältnisse. Was die Brüder Grimm in schöpferischer Arbeit für die Germanen getan haben, indem sie Recht, Sitte, Sprache, Dichtung und alle anderen geistigen Erzeugnisse dieses Völkerkreises als eigenartiges Ganzes erkannten und darstellten, das läßt sich mit unseren in hundertjähriger Arbeit geschulten Methoden für jedes Volk auf ähnliche Weise leisten.

Die Vorteile eines nach Ländern gegliederten Unterrichts über das Ausland machen sich auch äußerlich bemerkbar. Derjenige, der über ein bestimmtes Erdgebiet vorträgt, wird zu seiner eigenen Fortbildung wie für die Zwecke des Unterrichts eine Fülle von Lehrmitteln brauchen: Bücher, Zeitschriften, Zeitungsausschnitte, Karten, technische Erzeugnisse und vieles andere. Auf diese Weise werden für jedes wichtigere Erdgebiet eine Bibliothek, ein Archiv, eine technologische Sammlung zustande kommen, welche dieses Erdgebiet und die Zusammenhänge seiner Kultur zur lebendigen Anschauung bringen und nach und nach ein überaus wertvolles Material für Unterricht und Forschung vereinigen.

Vor allem aber bietet eine Gliederung des Unterrichts nach Ländern die einzige Möglichkeit einer wirklich gründlichen Vorbildung. Der Lernende ist in der Lage, statt einer mangelhaften und oberflächlichen Vorbildung für das Ausland im ganzen, eine gute und gediegene Vorbildung für einen bestimmten Teil des Auslandes zu erwerben. Man erzeugt in ihm nicht eine verschwommene Vorstellung von den Verhältnissen der verschiedensten Länder, sondern man macht ihn mit einem bestimmten Lande, seinen Verhältnissen und seiner Sprache gut und gründlich bekannt. Mag sein Wissen immerhin Lücken haben, mögen sich, bis er in das Land kommt, die Verhältnisse geändert haben, er wird im Lande sehr bald seine Lücken ergänzen und seine Fehler korrigeren können und nach kurzer Zeit dort brauchbarer sein als ein anderer nach Jahren. Soll der landeskundliche Oberbau der Auslandshochschule dem Ernst und der Gründlichkeit entsprechen, durch die sich das deutsche Volk vor anderen auszeichnet, so muß er nach Ländern gegliedert sein.

Man hat gegen den Gedanken besonderer Auslandsinstitute für die wichtigsten Erdgebiete verschiedene B e d e n k e n geltend gemacht.

So hat man gesagt, es gebe zu viele Erdgebiete, es sei unmöglich, für jedes ein solches Auslandsinstitut zu schaffen.

Aber die Aufgabe der Auslandshochschule ist ja eine praktische, und bei ihrer Einrichtung ist man deshalb berechtigt, vom praktischen Bedürfnis auszugehen. Man wird zunächst Auslandsinstitute nur für diejenigen Gebiete schaffen, die für Deutschlands wirtschaftliche und politische Ausbreitung von besonderer Wichtigkeit sind. Bei geringen Mitteln kann man sich etwa mit sieben Gebieten begnügen: mit England und seinen Kolonien, den Vereinigten Staaten von Nordamerika, dem spanischen Südamerika, Rußland, Vorderasien, China und dem zwar nicht rechtlich, aber doch tatsächlich zum Ausland zu rechnenden deutschen Kolonialreich.

Man muß sich nur davor hüten, mit zu wenigen Gebieten, etwa mit zweien oder dreien, einen Anfang zu machen [1]). Wie ein Laden keine Anziehungskraft hat, in dem es an Auswahl mangelt, so wird eine Auslandshochschule nur dann Werbekraft besitzen, wenn sie von vorn herein zum mindesten für die sechs oder sieben wichtigsten Erdgebiete einen Unterricht zur Verfügung stellt.

Ein zweites Bedenken, das man geltend gemacht hat, ist dieses: es sei schwer, Persönlichkeiten zu finden, die ein bestimmtes Erdgebiet allseitig genug beherrschten, um zugleich über seine geographischen, rechtlichen und ökonomischen Verhältnisse vortragen zu können [2]).

Die Einrichtung der Auslandsinstitute ist in der Tat davon abhängig, daß solche Persönlichkeiten gewonnen werden. Gelänge es nicht, müßte man etwa für Südamerika verschiedene Dozenten anstellen, von denen der eine die Geographie, der andere die rechtlichen, der dritte die ökonomischen Verhältnisse zu behandeln hätte, so würde nicht nur eine Zersplitterung des Unterrichts, sondern vor allem auch eine Überlastung der Lernenden eintreten. Jeder der Vortragenden würde seinen besonderen Gegenstand für den wichtigsten halten, der

[1]) Norbert Levy (S. 38) schlägt vor, zunächst nur für ein einziges Gebiet ein Auslandsinstitut zu errichten.

[2]) So das Vorsteheramt der Kaufmannschaft zu Danzig (S. 18) und Konsul Dr. v. Eichborn (S. 29).

Hörer würde mit Einzelheiten überschüttet werden und dadurch den Blick für das Ganze verlieren.

Aber es ist möglich, Persönlichkeiten zu gewinnen, die ein Gebiet allseitig beherrschen [1]. Es bildet sich ein neuer Wissenszweig, Palme hat ihn Nationenwissenschaft genannt, bei dem es sich gerade um diese allseitige Beherrschung handelt. Schon jetzt gibt es in Deutschland vortreffliche Männer, die sich in langjährigem Aufenthalt in einem ausländischen Gebiete eine ziemlich allseitige Kenntnis dieses Gebietes angeeignet haben. Mancher von ihnen hat während seiner bisherigen Tätigkeit starke theoretische Neigungen zurückdrängen müssen und würde sich freuen, ihnen nunmehr nachleben zu können. Er hat vielleicht sehr darunter gelitten, daß ihm die Tretmühle des praktischen Lebens so wenig Zeit zu selbständiger geistiger Tätigkeit ließ, und eine akademische Tätigkeit mit ihren langen Ferien und den wenigen während des Semesters festgelegten Pflichtstunden zieht ihn mächtig an. An den Universitäten können solche Männer vielfach aus äußeren Gründen nicht lehren, etwa weil ihnen der Doktorgrad fehlt. Es ist eine schöne Aufgabe für die Auslandshochschule, diese Kräfte für das deutsche Volk nutzbar zu machen.

Überdies wird die Auslandshochschule dazu beitragen, daß Nachwuchs an solchen allseitigen Kennern fremder Länder kommt. Sobald man weiß, daß für sie Verwendung ist, wird mancher danach streben, sich die gründliche Kenntnis eines fremden Landes anzueignen, der gegenwärtig nicht daran denkt. Man wird auch Männer, die bereits eine ziemlich umfassende Kenntnis eines fremden Landes besitzen, zur Abrundung ihres Wissens mit einem Stipendium dorthin senden können.

Noch ein drittes Bedenken hat man dagegen geltend gemacht, die Vorbildung für das Ausland nach Ländern zu gliedern. Man hat gesagt, wer auf diese Weise für ein einzelnes Erdgebiet vorgebildet sei, werde, etwa als Kaufmann oder Beamter, nur sehr einseitig brauchbar sein [2].

[1]) So Kommerzienrat Beit v. Speyer und Franz Urbig (S. 24, 53).

[2]) So Bankdirektor Kaemmerer (S. 35).

Unsere Zeit wird beherrscht von einer weitgehenden Arbeitsteilung. Wir sehen fortwährend, daß jemand ein eng begrenztes Tätigkeitsfeld wählt, um durch gesteigerte Leistungsfähigkeit ein desto besseres Fortkommen zu finden. Während das Warenhaus durch die Mannigfaltigkeit der angebotenen Waren zu wirken sucht, beschränken sich zahlreiche Unternehmungen mit klarem Bewußtsein auf wenige Spezialartikel. Im Ärztestand der Großstädte überwiegt das Spezialistentum, und unter den Anwälten beginnt sich etwas Ähnliches herauszubilden. Man könnte sagen, es liege im Zuge der Zeit und sei nicht unzweckmäßig, wenn jemand sich durch die Ausbildung für ein bestimmtes Erdgebiet eine einseitige, aber dafür innerhalb ihres Bereiches desto größere Brauchbarkeit aneigne.

Aber die Auslandshochschule braucht gar nicht dahin zu führen, daß der für ein bestimmtes Erdgebiet Ausgebildete nur für dieses Erdgebiet brauchbar ist [1]). Schon jetzt bilden die Handelshochschulen ihre Studierenden in erster Linie für einen bestimmten Handelszweig aus. Von den Studierenden bereitet sich ein Teil durch Besuch technischer Vorlesungen besonders für die Industrie, ein anderer durch die Wahl bestimmter juristischer, national- und privatökonomischer Vorlesungen besonders für das Bankgeschäft vor, und dies kommt auch in der Prüfung und im Diplom zum Ausdruck. Trotzdem werden die so ausgebildeten Kaufleute vielfach bald in anderen Handelszweigen beschäftigt. Sie bewähren sich auch in diesen und genießen auch in ihnen die Früchte ihres Studiums, denn sie haben ja neben der Ausbildung für den besonderen Handelszweig auch eine allgemeine Ausbildung genossen, und kraft dieser allgemeinen Grundlage ist es ihnen leicht, sich in einen anderen Handelszweig einzuarbeiten.

Das gleiche wird aber auch für denjenigen gelten, der sich auf der Auslandshochschule für ein bestimmtes Land brauchbar gemacht hat. Seine Bildung hat ja den allgemeinwissenschaftlichen, geographisch-juristisch-ökonomischen Unterbau, der ihm nicht nur in dem Lande, mit dem er sich besonders beschäftigt hat, sondernr auch in dem eigenen Lande und in jedem andern Teile des Auslandes zu gute

[1]) Hierüber Kommerzienrat Veit v. Speyer (S. 25).

kommt. Darüber hinaus hat er aber durch die Beschäftigung mit jenem Lande ein für allemal gelernt, worauf man in einem fremden Lande zu achten hat. Wie jemand, der ein Recht kennt, sich unschwer in ein anderes einarbeitet, so wird derjenige, der sich mit einem Teil des Auslandes gründlich vertraut gemacht hat, es leicht haben, sich in einem andern zurechtzufinden.

Der landeskundliche Oberbau der Auslandshochschule muß nach allem dem aus Auslandsinstituten für einzelne Erdgebiete bestehen. Für was für Länder sind solche Institute zu errichten?

Jedenfalls müssen Auslandsinstitute errichtet werden für das (freilich streng genommen nicht zum Ausland zu rechnende) deutsche Kolonialreich, für England und seine Kolonien, für die Vereinigten Staaten von Nordamerika, das spanische Südamerika, Rußland, Vorderasien und China [1]. Wenn es die Mittel gestatten, so wird man statt eines gemeinsamen Instituts für das britische Weltreich besondere Institute für dessen wichtigste Teile errichten, etwa für das Mutterland, die afrikanischen Besitzungen, Kanada und Australien, man wird ferner Institute für Brasilien, die Balkanstaaten und Japan hinzufügen. Sind sehr große Mittel vorhanden, so könenn sich noch manche andere Institute anschließen.

2. Wie sollen die einzelnen Auslandsinstitute beschaffen sein? Zu einem solchen Institut gehört, wenn es vollständig sein soll, viererlei: ein Dozent als Leiter des Instituts, ein oder mehrere Lektoren, eine Bibliothek und ein Archiv, endlich eine technologische Sammlung.

Der wichtigste Bestandteil jedes Auslandsinstituts wird der Dozent sein, der das Institut leitet und in ihm über die Verhältnisse des in Betracht kommenden Erdgebietes vorträgt. Von seiner Persönlichkeit hängen die Leistungen des Instituts in erster Linie ab. Für jedes Institut genügt ein solcher Dozent. Sind größere Mittel vorhanden, so kann man zwei Dozenten anstellen, die bei ihren Vorlesungen miteinander abwechseln und sich in die Leitung des In-

[1]) Über die in Betracht zu ziehenden Erdgebiete Geh. Kommerzienrat Grünfeld, Rechtsanwalt Dr. v. Pustau und Kommerzienrat v. Wassermann (S. 33—34, 45, 54—57).

stituts teilen. Eine größere Anzahl von Dozenten ist nicht wünschenswert, da sie den einheitlichen Geist des Instituts gefährdet.

Der an der Spitze des Instituts stehende Dozent muß eine gute wissenschaftliche Bildung haben, wobei es weniger auf das Fach ankommt, in welchem er wissenschaftlich tätig gewesen ist, als darauf, daß er sich in irgend einem Fache die Grundsätze wissenschaftlichen Denkens und wissenschaftlicher Beobachtung angeeignet hat. Es ist wünschenswert, daß er den Bildungsgang durchgemacht hat, den man von den Lehrern der deutschen Hochschulen zu verlangen pflegt. Man wird sich aber auch begnügen können, wenn er auf andere Art, etwa durch gute Schriften, den Befähigungsnachweis erbracht hat.

Der Dozent muß eine genaue Kenntnis des in Betracht kommenden Erdgebietes besitzen und sich in diesem Erdgebiete lange genug aufgehalten haben, um mit Hilfe eigener Anschauung die Literatur kontrollieren und seinen Vortrag beleben zu können. Er muß auch die Sprache des Gebietes oder, wenn in ihm mehrere Sprachen gesprochen werden, zum mindesten die Hauptsprache kennen. Diese zwingende Anforderung muß auch für Gebiete gelten, deren Sprache ein langes Studium erfordert: ein Dozent über China muß chinesisch, ein Dozent über Vorderasien zum mindesten arabisch, womöglich aber arabisch, türkisch und persisch können. Nur bei dem Dozenten für das deutsche Kolonialreich wird man von der Kenntnis der so verschiedenen Eingeborenensprachen absehen dürfen.

Der Dozent soll, wenn es sich irgend erreichen läßt, ein Deutscher sein, kein Angehöriger des Landes, über das er lehrt. Ein Deutscher, der ein Erdgebiet durch langjährigen Aufenthalt kennt, wird die charakteristischen Eigentümlichkeiten viel schärfer erkennen und darstellen als derjenige, der in ihm seine Erziehung erhalten und den größten Teil seines Lebens in ihm zugebracht hat. Wenn etwa über amerikanische Volkswirtschaft vorzutragen ist, so wird der Amerikaner immer in Gefahr sein, mit Betonung Amerikas das zu wiederholen, was der Hörer bereits aus der allgemeinen Nationalökonomie weiß, der Deutsche dagegen wird dieses Gemeinsame im wesentlichen als bekannt voraussetzen und seine Aufgabe darin erblicken, die charakteristischen Eigentümlichkeiten der amerikanischen

Volkswirtschaft herauszuarbeiten. Aber selbst in dem Falle, daß der Angehörige des fremden Landes durch langjährigen Aufenthalt in anderen Ländern die nötige Distanz gewonnen haben sollte, so wird er doch immer noch in Versuchung sein, die Verhältnisse seines Heimatlandes in möglichst günstigem Licht erscheinen zu lassen, für den Deutschen besteht diese Versuchung nicht [1]).

Um für seine Aufgabe dauernd brauchbar zu bleiben, muß der Dozent die Verhältnisse des in Betracht kommenden Erdgebietes beständig im Auge behalten. Unterstützt durch seine Sprachkenntnisse, muß er die wichtigsten Schriften über dieses Erdgebiet und die eine oder andere der in ihm erscheinenden Zeitungen regelmäßig lesen, und gelegentlich muß er auch durch Reisen seine unmittelbare Anschauung auffrischen. Es sind hohe Anforderungen, die an den Dozenten gestellt werden, aber für die wichtigsten Erdgebiete gibt es Persönlichkeiten, die ihnen entsprechen, und die Aufgabe ist so reizvoll, daß es auch möglich sein wird, diese Persönlichkeiten zu gewinnen.

Der Dozent, der an der Spitze des Auslandsinstituts steht, muß über die Verhältnisse des Gebietes unterrichten und zwar nach allen Seiten hin, nach der geographischen wie nach der juristischen, ökonomischen, politischen und geschichtlichen Seite. Er muß jedes Semester fünf Stunden die Woche lesen und seinen Stoff so einteilen, daß dieser immer in vier aufeinanderfolgenden Semestern in wechselnden Vorlesungen erschöpft wird und eine Vorlesung also nur alle vier Semester wiederkehrt. Hierbei dürfen die Vorlesungen nicht eine Stufenfolge haben, so daß sich eine auf die andere aufbaut, sondern der Stoff ist so einzuteilen, daß in jedem Semester neue Hörer in den viersemestrigen Kursus eintreten können.

Der Dozent muß ferner das Institut leiten und insofern eine Verwaltungstätigkeit ausüben. Er beaufsichtigt die Lektoren bei ihrem Sprachunterricht und ist für dessen Ergebnisse verantwortlich. Er kümmert sich darum, daß Bibliothek und Archiv auf der Höhe bleiben und verfügt über die dazu vorhandenen Mittel. Er sorgt endlich für die Vollständigkeit der technologischen Sammlung,

[1]) Vortrefflich hierüber Palme, Die deutsche Auslandshochschule S. 27.

wobei ihn der an der Hochschule lehrende Chemiker und Physiker beraten werden. Soweit Prüfungen über die Kenntnis des Auslandsgebietes stattfinden, nimmt er sie ab.

Jedes Auslandsinstitut muß in der Regel auch einen oder mehrere **Lektoren** haben, denen der Unterricht in der Sprache oder den mehreren Sprachen des in Betracht kommenden Erdgebietes obliegt.

Die Lektoren brauchen keine höhere wissenschaftliche Bildung zu haben, die Hauptsache ist, daß sie die von ihnen zu lehrende Sprache vollkommen beherrschen, daß sie so gut Deutsch können, wie es der Unterricht fordert, und daß sie genug pädagogische Fähigkeit und Erfahrung haben, um mit Erfolg zu unterrichten. Während der Dozent an der Spitze des Auslandsinstitutes womöglich Deutscher sein soll, wird es bei den Lektoren mit Rücksicht auf die Aussprache im allgemeinen besser sein, wenn sie dem fremden Volke angehören. Soweit bei exotischen Sprachen, die nur wenige zu lernen wünschen, die Gewinnung von Lektoren Schwierigkeiten oder unverhältnismäßige Kosten machen würde, kann man unter Umständen auf die Anstellung von Lektoren verzichten und die Lernenden auf andere Unterrichtsgelegenheiten verweisen. In Berlin wird das orientalische Seminar wertvolle Dienste leisten können [1]).

Die Lektoren haben nur die eine Aufgabe des Sprachunterrichts. Es ist wünschenswert, daß sie diesen benutzen, um die Lernenden zugleich mit den Verhältnissen des Gebietes, dessen Sprache sie lehren, bekannt zu machen, aber bei ihrer ganzen Tätigkeit muß doch das Bestreben im Vordergrunde stehen, Fertigkeit im mündlichen und schriftlichen Gebrauch der Sprache zu erzielen. Die Lektoren unterstehen dem das Institut leitenden Dozenten.

Jedes Auslandsinstitut muß weiter eine **Bibliothek** und ein **Archiv** haben.

Die Bibliothek muß die wichtigsten Werke über das in Betracht kommende Erdgebiet enthalten, amtliche Statistiken und Berichte, wissenschaftliche Darstellungen und Reisebeschreibungen, sie muß auch über gute Karten verfügen. Das Archiv muß ein möglichst

---

[1]) So die **Handelskammer Elberfeld** (S. 20) und Unterstaatssekretär **Göppert** (S. 33).

reichhaltiges Material an Zeitungsausschnitten, Berichten wirtschaftlicher Unternehmungen und sonstigen Nachrichten vereinigen. Beide müssen so vollständig sein, daß man in ihnen über jede wichtige das Gebiet betreffende Frage Auskunft erlangen kann.

Die Einrichtung der Bibliothek und des Archivs wird im allgemeinen keine sehr große Schwierigkeiten und Kosten machen. In dem Institutsleiter ist eine Persönlichkeit gegeben, die über die nötige Sachkenntnis verfügt, und die Regierungen, Gesandtschaften und sonstigen amtlichen Stellen der fremden Länder werden die Bibliothek und das Archiv im eigensten Interesse bereitwillig durch unentgeltliche Zuwendungen unterstützen.

Endlich ist es wünschenswert, wenn auch für den Anfang vielleicht nicht unbedingt erforderlich, daß einem jedem Auslandsinstitut eine technologische Sammlung angegliedert wird, welche die wichtigsten Erzeugnisse des in Betracht kommenden Erdgebietes zur Anschauung bringt.

Eine solche Sammlung, auf deren Wert Professor Dr. Binz von der Handelshochschule Berlin in einem vortrefflichen Aufsatze in der Vossischen Zeitung hingewiesen hat [1]), müßte Proben der wichtigsten technischen Erzeugnisse und technisch verwertbaren Naturerzeugnisse des Landes enthalten. Sie müßte deren Gewinnung, Verarbeitung und Versand darstellen. Sie müßte endlich statistisch die Mengen der in dem Lande gewonnenen Erzeugnisse vor Augen führen sowie die Bedeutung, die diese Erzeugnisse im Weltverkehr und insbesondere im Verkehr mit Deutschland haben.

Eine solche technologische Sammlung würde als Bestandteil der Auslandsinstitute von Wert sein, auch wenn sie zunächst nur im bescheidensten Umfange angelegt wäre, vielleicht nur in einigen Schränken und statistischen Tafeln bestände. Sie würde überdies von selbst und ohne große Kosten wachsen, nicht nur durch Zuwendungen amtlicher Stellen, sondern ganz besonders auch der Kaufleute und Beamten, die in dem fremden Lande wirken oder den Verkehr mit ihm vermitteln.

Wie viel Zeit wird man dem Studium in einem dieser Auslandsinstitute widmen müssen, um ein hinreichendes Wissen

[1]) Vossische Zeitung vom 8. März 1914.

von dem in Betracht kommenden Erdgebiete zu erwerben? Im allgemeinen wird es genügen, wenn man vier Semester lang in jedem Semester fünf Stunden die Woche auf Vorlesungen und Übungen verwendet und daneben etwa vier Stunden wöchentlich an Sprachkursen teilnimmt. Nur in einigen Fällen wird mit Rücksicht auf die besondere Schwierigkeit der Sprache ein größerer Zeitaufwand erforderlich sein, namentlich wenn jemand bei der Ausbildung für Vorderasien arabisch oder bei der Ausbildung für China chinesisch lernen will. In diesen Fällen wird sich die Studienzeit verlängern müssen, beim Studium des Arabischen auf sechs Semester, bei dem des Chinesischen auf acht Semester, entweder so, daß die überschießenden Semester ganz der Sprache gewidmet werden, oder besser noch so, daß in jedem Semester die Zeit für andere Lehrgegenstände beschränkt und die so gewonnene Zeit auf die Sprache verwandt wird.

Man kann die Frage aufwerfen, ob sich wirklich in vier Semestern bei fünf Stunden wöchentlichen Unterrichts eine ordentliche Kenntnis der Verhältnisse eines Landes erlangen läßt. Aber der Unterricht ist ja nicht das ganze Studium, er findet seine Ergänzung in der selbständigen Arbeit der Studierenden während des Semesters und besonders auch während der Ferien. Den Studierenden der Handelshochschule Berlin gelingt es, wie die Prüfungen zeigen, bei guter Begabung in vier Semestern, während deren sie nicht mehr als fünf Stunden die Woche auf juristische Vorlesungen und Übungen verwenden, sich ein gediegenes Verständnis des Rechts anzueignen. Der Zeitaufwand, der für ein so schwieriges und umfangreiches Wissensgebiet mit seinen hohen Anforderungen an die geistige Fassungskraft und der Notwendigkeit des Einlebens in eine völlig fremde Begriffswelt genügt, muß auch hinreichen, wenn es sich darum handelt, in großen Zügen die Verhältnisse eines Erdgebietes kennen zu lernen.

3. Benutzung der Auslandshochschule.

1. Die Auslandshochschule mit ihrem allgemeinwissenschaftlichen Unterbau und den ihren Oberbau bildenden Instituten für

bestimmte Teile des Auslandes wird ihre Wirksamkeit auf die verschiedenste Weise entfalten. Vor allem wird sie die Möglichkeit geben, in einem die sonstige Lebenstätigkeit unterbrechenden geschlossenen Studium von mehreren Semestern sich die allgemeinen Grundlagen jeder Auslandsbildung und zugleich die Kenntnis der Verhältnisse und der Sprache eines bestimmten ausländischen Gebietes gründlich anzueignen.

Ein solches Studium wird für mancherlei Kreise in Betracht kommen, namentlich für junge Kaufleute, aber auch für künftige Handelssachverständige, für Beamte des auswärtigen Dienstes und für junge Journalisten.

Die Aufnahmebedingungen der Auslandshochschule werden von denen der Universitäten etwas abweichen müssen.

Das Reifezeugnis einer neunklassigen höheren Lehranstalt darf man nicht unter allen Umständen fordern, da die Auslandshochschule auch für solche Kreise, die dieses Zeugnis nicht zu besitzen pflegen, namentlich für junge Kaufleute, ihre Wirksamkeit entfalten soll. Anderseits muß man dafür sorgen, daß nicht Elemente Aufnahme finden, die infolge ihrer ungenügenden Vorbildung das Niveau des Unterrichtes herabdrücken.

Deshalb wird man zweckmäßig als Studierende aufnehmen erstens solche Personen, die das Reifezeugnis erworben haben. Zweitens solche, die nur die Berechtigung zum einjährigen Dienst besitzen, aber mindestens drei Jahre sich im praktischen Leben bewährt haben, sei es im Handel, in der Landwirtschaft oder in einem anderen Berufe: sie ersetzen das Mindermaß an Schulbildung durch Kenntnis des Lebens. Drittens wird man ausnahmsweise auch solchen Personen Aufnahme gewähren dürfen, die keiner dieser beiden Voraussetzungen entsprechen, aber dennoch eine genügende Vorbildung nachweisen können, allerdings nur mit Zustimmung eines Aufnahmeausschusses: auf diese Weise ist man davor bewahrt, in den freilich seltenen Fällen, in welchen jemand nach dem Besuch der Volksschule durch selbständiges Studium eine gute Bildung erlangt und dies im Leben bewiesen hat (Benjamin Franklin), ihn von der theoretischen Weiterbildung ausschließen zu müssen.

Eine schwierige Frage ist die der Dauer des Studiums.

Viele, für welche die Auslandshochschule von Bedeutung ist, werden sich nur schwer entschließen, eine längere Zeit auf das Studium zu verwenden [1]). Bei den Handelshochschulen macht man immer wieder die Beobachtung, daß sich einer Ausdehnung der Studienzeit über vier Semester hinaus in den Kreisen der Kaufleute ein starker Widerstand entgegenstellt.

Auf der anderen Seite ist es von Vorteil, wenn die Studienzeit länger dauert. Der Studierende kann über die unbedingt notwendigen Vorlesungen und Übungen hinaus ergänzende Vorlesungen hören, er kann die Teilnahme an Vorlesungen und Übungen wiederholen, er kann mit mehr Ruhe studieren und so zu einem gründlicheren Wissen gelangen. Deshalb ist es wünschenswert, daß die regelmäßige Studienzeit sechs Semester beträgt.

Diesen einander widerstreitenden Gesichtspunkten läßt sich Rechnung tragen. Das Studium an der Auslandshochschule kann so eingerichtet werden, daß in vier Semestern eine gediegene Auslandsbildung erlangt wird. Wenn ein Studierender drei Stunden die Woche auf Geographie [2]), fünf auf Rechtswissenschaft [3]), acht auf National- und Privatökonomie [4]), fünf auf das Studium eines bestimmten Erdgebietes und vier auf Sprachkurse [5]) verwendet, so kann er mit einer Belastung von 25 Stunden die Woche sich in vier Semestern eine genügende Auslandsbildung aneignen. Diese Belastung ist groß, da neben den Vorlesungen und Übungen das häusliche Studium einhergehen muß, aber sie ist nicht unerträglich, an den gegenwärtigen Hochschulen ist es etwas Gewöhnliches, daß Studierende diese Anzahl von Stunden hören.

Besser wird es allerdings sein, wenn der Studierende längere Zeit für das Studium an der Auslandshochschule verwenden kann. Er braucht dann nicht mehr als 20 Stunden die Woche auf Vorlesungen und Übungen zu verwenden und kann bei Auswahl der

---

[1]) In diesem Sinne die Handelskammer Chemnitz (S. 17) und Geh. Kommerzienrat v. Borsig (S. 25).

[2]) Siehe S. 75.

[3]) Siehe S. 77.

[4]) Siehe S. 79.

[5]) Siehe S. 92.

Vorlesungen und Übungen in höherem Maße seinen Neigungen folgen, auch über denselben Gegenstand verschiedene Dozenten hören. Deshalb ist es wünschenswert, daß für das Studium an der Auslandshochschule sechs Semester verwandt werden, und man muß die Meinung bekämpfen, als ob es schimpflich wäre, länger als die Mindestzeit zu studieren. Unter allen Umständen ist ein längeres Studium für denjenigen erforderlich, der die Auslandsbildung nicht zu praktischen, sondern zu theoretischen Zwecken erstrebt. Wer ein deutsches Handelshaus in Argentinien vertreten will, mag sich mit einem Studium von vier Semestern begnügen; wer Argentinien wissenschaftlich erforschen oder gar künftig einmal darüber lehren will, muß mindestens sechs Semester studieren.

Denjenigen, die an der Auslandshochschule studiert haben, wird man die Möglichkeit geben müssen, durch Bestehen einer Prüfung ein Diplom zu erlangen, aus welchem hervorgeht, daß sie sich die allgemeinen Grundlagen jeder Auslandsbildung und zugleich die nähere Kenntnis eines bestimmten Auslandsgebietes und seiner Sprache angeeignet haben.

Am zweckmäßigsten wird man eine niedere und eine höhere Prüfung einrichten, durch die zwei verschiedene Diplome erlangt werden. Die erste Prüfung kann nach vier Semestern bestanden werden, sie erbringt den Nachweis einer gewöhnlichen Auslandsbildung, die meisten Studierenden werden sich mit ihr begnügen. Die zweite Prüfung setzt ein Studium von weiteren zwei Semestern voraus und erbringt den Nachweis einer höheren Auslandsbildung, ihr werden sich zunächst nur wenige Studierende unterziehen. Wer die erste Prüfung bestanden hat, verhält sich zu dem, der die zweite bestanden hat, wie der Diplom-Ingenieur zum Doktor-Ingenieur.

Für den Gegenstand der ersten wie der zweiten Prüfung muß es maßgebend sein, daß bei der Prüfung sowohl allgemeine Auslandsbildung wie die besondere Bildung für einen bestimmten Teil des Auslandes darzutun ist. Deshalb ist in vier Fächern zu prüfen: 1. in Geographie, 2. in Jurisprudenz, 3. nach Wahl des Kandidaten in National- oder Privatökonomie, 4. in Kultur und Sprache eines bestimmten Erdgebietes. Zwei dieser Fächer müssen Hauptfächer, die anderen beiden Nebenfächer sein, die Kultur und Sprache des fremden Landes muß unter allen Umständen Hauptfach sein, die Wahl des andern Hauptfaches steht dem Kandidaten frei. Das bei der Prüfung gewährte Wahlrecht macht es möglich, das Studium nach besonderen Bedürfnissen zu gestalten. Der Kaufmann wird unter den ökonomischen Fächern in der Regel Privatökonomie, der Beamte Nationalökonomie in den Vordergrund seines Studiums stellen und demgemäß als Prüfungsfach wählen.

2. Sodann wird die Auslandshochschule Gelegenheit bieten, durch Anhörung einer kleineren Anzahl von allgemeinwissenschaftlichen oder auf ein bestimmtes Erdgebiet sich beziehenden Vorlesungen vorhandene Kenntnisse zu ergänzen [1]). Ältere Kaufleute, die sich in die Verhältnisse eines bestimmten Erdgebietes einarbeiten wollen, Journalisten, die ohne Unterbrechung ihrer Berufstätigkeit ihr Wissen zu erweitern wünschen, Marineoffiziere, höhere Beamte, Missionare, Parlamentarier werden sich in der Regel darauf beschränken, einzelne ein besonderes Erdgebiet betreffende oder auch allgemeinwissenschaftliche Vorlesungen zu hören.

Solche Personen werden die Zulassung als Hospitanten der Auslandshochschule nachsuchen. Für ihre Zulassung müssen dieselben Grundsätze gelten wie für die Aufnahme der Studierenden. Man darf nicht gerade das Reifezeugnis einer neunklassigen höheren Lehranstalt verlangen, muß aber doch dafür sorgen, daß nicht durch ungebildete Elemente das Niveau des Unterrichts sinkt. Deshalb wird man die Zulassung als Hospitant an dieselben Voraussetzungen knüpfen müssen wie die Aufnahme als Studierender.

Manche Hospitanten werden eine kurze Zeit ganz dem Studium widmen. Ein vorübergehend nach Deutschland zurückgekehrter Konsul wird etwa ein oder zwei Semester lang 20 Stunden die Woche hören. Andere werden während eines längeren Zeitraums nur wenige Stunden wöchentlich auf das Studium verwenden. Ein am Orte ansässiger Beamter wird sich, um seine Bildung zu erweitern, unter Umständen mehrere Jahre lang jede Woche für drei oder vier Stunden frei machen.

[1]) Hierüber Rechtsanwalt v. Pustau (S. 46).

Eine Prüfung wird für die Hospitanten in der Regel nicht in Betracht kommen. Da sie zumeist gereifte Persönlichkeiten sind, werden sie eines solchen Antriebes zum Studium auch nicht bedürfen.

3. Des weiteren wird die Auslandshochschule als Auskunftsstelle von Wert sein.

Immer wieder wird bei uns die Klage laut, daß über fremde Länder bei den Behörden vielfach nicht oder nicht schnell genug Auskunft zu erlangen sei[1]). Man beschwert sich darüber, daß die Zentralbehörden häufig nicht hinreichend unterrichtet seien, daß die Konsulate Anfragen oft unvollständig oder viel zu spät beantworteten. Lobend weist man auf das bereitwillige Entgegenkommen hin, mit welchem amerikanische oder auch englische Behörden den Gewerbetreibenden ihres Landes die gewünschten Mitteilungen zukommen ließen.

Diese Beschwerden sind nicht ganz berechtigt. Die Beamten unseres auswärtigen Dienstes stehen an Pflichteifer weder unseren anderen Beamten noch denen des Auslandes nach. Wo Auskunft unvollständig oder spät erteilt wird, da sind in der Regel mehr die Verhältnisse als die Personen verantwortlich. Die Beamten der Zentralbehörde sind zumeist stark belastet, die Konsuln außerdem weit entfernt, dies verhindert in vielen Fällen eine eingehende und schnelle Auskunftserteilung.

Können hiernach die bestehenden Übelstände niemand zur Last gelegt werden, so sind sie darum nicht minder bedauerlich. Sie werden verschwinden, wenn eine Anstalt besteht, bei welcher das Material über die wichtigsten fremden Länder in einer gewissen Vollständigkeit vereinigt ist, wenn diese Anstalt im Inlande liegt und dadurch schnell erreicht werden kann und wenn bei ihr Personen tätig sind, welche Anfragen beantworten, den Anfragenden angeben, wo sie sich nähere Nachrichten verschaffen können, und ihnen in der Regel die in Betracht kommenden Bücher und sonstigen Hilfsmittel gleich an die Hand geben.

Eine solche Anstalt wird die Auslandshochschule sein. In den Bibliotheken, Archiven und technischen Sammlungen der einzelnen

[1]) So Bankdirektor Schröter (S. 47).

Auslandsinstitute ist für den Gewerbetreibenden, den Journalisten und jeden andern Interessierten ein umfangreiches Material vereinigt, das Belehrung über die meisten auftauchenden Fragen gewähren wird. Die Leiter der einzelnen Institute aber werden mit ihrer Sach- und Sprachkenntnis gern den Anfragenden zu Diensten sein und ihnen die Mittel ihres Instituts zur Verfügung stellen.

4. Noch auf eine andere Art wird die Auslandshochschule Bedeutung erlangen, nämlich als Forschungsanstalt.

Dies gilt zunächst für ihren allgemeinwissenschaftlichen Unterbau. In der Geographie gibt es zahlreiche Aufgaben, die an den Universitäten nicht im wünschenswerten Umfange bearbeitet werden. Namentlich auf dem Gebiete der Wirtschaftsgeographie ist bisher wenig geleistet worden. Ihr Ausbau wird eine der schönsten Aufgaben der Auslandshochschule sein, zu deren Lösung, unterstützt durch das in den Auslandsinstituten vorhandene Material, Dozenten und Studierende zusammenarbeiten werden.

Auch für den Fortschritt der Rechtswissenschaft kann die Auslandshochschule viel tun. Zwei Aufgaben werden gegenwärtig an den Universitäten noch arg vernachlässigt, die Rechtsvergleichung und die kritische Betrachtung des Rechts. Beides sind gegebene Aufgaben für die Auslandshochschule. Das Vorhandensein von Auslandsinstituten erleichtert es ungemein, eine Übersicht über die Rechtsverhältnisse der Erde zu erlangen, der Einblick in fremde Rechtsverhältnisse aber schärft den kritischen Blick für die eigenen und weist den Weg zu deren Verbesserung. Auf diese Weise fehlt es den an der Auslandshochschule lehrenden Juristen nicht an wichtigen Fragen, die sie selbst bearbeiten und den Studierenden zur Bearbeitung überweisen können.

Viel kann die Auslandshochschule auch für die Entwicklung der National- und Privatökonomie leisten. Den an ihr angestellten Lehrern dieser Wissenschaften erleichtern es die Auslandsinstitute, die wirtschaftlichen Verhältnisse fremder Länder und die zwischen den verschiedenen Ländern bestehenden Beziehungen des Welthandels und der Weltwirtschaft zu erkennen. So tut sich eine Fülle von Problemen auf, an deren Lösung die Studierenden zu ihrem eigenen Nutzen und dem der Wissenschaft mitarbeiten werden.

Ganz besonders aber werden die den Oberbau der Auslandshochschule bildenden Auslandsinstitute Stätten der Forschung sein. Jedes Auslandsinstitut hat ja seinen besonderen, nirgendwo anders behandelten Gegenstand, die Kultur und Sprache eines bestimmten Erdgebietes. Kultur und Sprache der verschiedenen Erdgebiete sind heute noch viel zu wenig im Zusammenhang erforscht, hier ist eine ganz neue Erkenntnis im Werden, das kommt zum Ausdruck in der von Palme erhobenen Forderung einer Nationenwissenschaft[1]. Auf diesem Gebiete kann die Auslandshochschule nicht nur die Forschertätigkeit der älteren Hochschulen ergänzen, sondern es liegt noch fast brach und harrt der Bearbeitung durch die Auslandshochschule.

Die an den Auslandsinstituten wirkenden Dozenten werden sich nicht darauf beschränken können, die Sprache und Kultur des in Betracht kommenden Erdgebietes zu lehren, sondern eine wesentliche Aufgabe für sie wird darin bestehen, unterstützt durch die Studierenden, mit Hilfe des im Institut aufgespeicherten Materials die wissenschaftlichen Grundlagen des Unterrichts auszubauen. Sie werden die Länder, in deren Geist sie sich von Jahr zu Jahr mehr einarbeiten, zum Gegenstand der Forschung machen und ihre Forschungsergebnisse in Schriften der Gesamtheit zur Verfügung stellen. Dieses wird wieder andere zu der gleichen Forschungstätigkeit anregen, und so wird es bald nicht an jüngeren Forschern fehlen, die mit Hilfe der Bibliotheken, Archive und Sammlungen die Wissenschaft von einem fremden Lande zu fördern bestrebt sind, und an Männern der Praxis, die, aus dem Auslande zurückgekehrt, die Räume und Hilfsmittel der Auslandsinstitute benutzen, um ihre Erfahrungen zu verarbeiten und für andere fruchtbar zu machen.

III. Verwirklichung der Auslandshochschule.

1. Frühere Vorschläge.

1. Neue Möglichkeiten der Vorbildung für das Ausland müssen geschaffen werden. Wie kann dies geschehen?

[1]) Palme, Die deutsche Auslandshochschule S. 14/24.

Manche glauben, es sei nur eine organisatorische Arbeit zu tun. Wenn man die Vorlesungen, die an den verschiedenen berliner Hochschulen über Auslandskunde gehalten werden, zu einer Einheit zusammenfasse und zur Ergänzung an der einen oder anderen Hochschule noch ein paar Vorlesungen einrichte, so sei damit die Auslandshochschule gegeben. Diese Meinung ist unhaltbar.

Wenn man das an sämtlichen berliner Hochschulen Gebotene zusammenstellt, wie es jährlich in einem von der kolonialwissenschaftlichen Studienkommission veröffentlichten Verzeichnis geschieht, so zeigt es sich, daß zwar zahlreiche Vorlesungen vorhanden sind, die sich mit dem Ausland beschäftigen, daß es aber trotzdem an Gelegenheit fehlt, auch nur die wichtigsten Erdgebiete und ihre Sprache gründlich und im Zusammenhange kennen zu lernen.

Aber selbst wenn die berliner Hochschulen in ihrer Gesamtheit die besten Vorlesungen über alle Teile der Erde böten, so würde damit doch keine gediegene Vorbildung für das Ausland ermöglicht sein. Ein gleichzeitiges Studium an verschiedenen Hochschulen ist ein Unding. Häufig würde der Studierende überhaupt keinen Stundenplan zustande bringen, weil die Vorlesungen, die er an verschiedenen Hochschulen zu hören hätte, miteinander kollidieren würden. Jedenfalls aber würden ihm an den verschiedenen Hochschulen Vorlesungen geboten werden, deren Inhalt einander durchkreuzen, deren Umfang höchst ungleich und deren Niveau ganz verschieden sein würde. So könnte er keine abgerundete Bildung erlangen, eine Prüfung nach Abschluß des Studiums aber käme gar nicht in Frage.

Es wird sich also nicht vermeiden lassen, Neues zu schaffen. Nach dieser Richtung sind verschiedene Vorschläge gemacht worden.

2. Das Nächstliegende scheint zu sein, daß man die Vorbildung für das Ausland in die Hände der Universitäten legt.

Für diesen Gedanken ist der preußische Kultusminister in der Sitzung der Budgetkommission des Abgeordnetenhauses vom 24. Februar 1914 eingetreten. Ohne Zweifel würde es vom höchsten Werte sein, wenn die Universitäten als die in Jahrhunderte langer Arbeit erprobten Stätten unserer höheren Bildung sich der Aufgabe unterzögen. In den Dienst einer guten Auslandsbildung würden auf diese Weise nicht nur die an den Universitäten vereinigten geistigen

Kräfte treten, sondern auch die bedeutenden materiellen Mittel der deutschen Bundesstaaten.

Freilich, die Schwierigkeiten, die der Verwirklichung dieses großartigen Gedankens entgegenstehen, sind nicht gering. Um die Universitäten der Auslandsbildung dienstbar zu machen, müßte man zuerst die Wand abbrechen, die gegenwärtig die juristische und die philosophische Fakultät von einander scheidet. Denn bei der Vorbildung für das Ausland müssen ja geographische, juristische, national- und privatökonomische Vorlesungen zu einem Zwecke zusammenwirken. Sodann wären eine Reihe konzentrierter Vorlesungen neu einzurichten, welche die Möglichkeit böten, sich mit den Grundgedanken sowohl der Geographie wie der Rechtswissenschaft bekannt zu machen, ohne die ganze Fülle der Einzelheiten zu hören, deren der Berufsgeograph oder Berufsjurist bedarf. Vorlesungen über Privatökonomie wären ganz neu zu schaffen, sie fehlen bis jetzt noch an den meisten Universitäten, eine gewisse Kenntnis dieser Wissenschaft ist aber zum Studium fremder Länder kaum entbehrlich. Endlich müßten Vorlesungen neu geschaffen werden, welche Sprache und Kultur der wichtigsten Auslandsgebiete zum Gegenstand hätten.

Bei der Anstellung von Dozenten müßte man in gewissem Maße von den bisherigen Grundsätzen abgehen, denn solche Männer, die, mit einer guten Vorbildung ausgerüstet, lange Zeit in einem fremden Lande gelebt und sich ein geklärtes Wissen von ihm angeeignet haben, auch sonst hervorragend befähigt sind, über dieses Gebiet zu lehren, besitzen doch vielfach nicht die bei uns üblichen Vorbedingungen einer akademischen Tätigkeit, namentlich den Doktorgrad. Man müßte eine Prüfung einrichten, die nach einer nicht allzu langen Studienzeit bestanden werden könnte zum Nachweis, daß jemand sich mit den allgemeinen Grundlagen jeder Auslandsbildung sowie mit den Verhältnissen und der Sprache eines bestimmten Erdgebietes vertraut gemacht hat, und zu dieser Prüfung müßte man auch solche Studierende zulassen, die gegenwärtig auf Grund ihrer sog. kleinen Matrikel von den Prüfungen ausgeschlossen sind, denn die Kreise, denen die Auslandshochschule zu gute kommen soll, besonders die Kaufleute, besitzen vielfach nicht das Reifezeugnis einer neunklassigen höheren Lehranstalt.

Alles das läßt sich machen, aber ob es sobald dazu kommen wird? Die Größe der Universitäten beruht mit auf der Jahrhunderte alten Tradition, die sie besitzen, aber wie alles Gute seine Schattenseiten hat, so ist diese Tradition doch auch ein Hemmnis für die weitere Entwicklung. Es ist sehr zweifelhaft, ob man sich an den Universitäten in absehbarer Zeit entschließen wird, alle die Einrichtungen zu treffen, die erforderlich sind, um sie zu geeigneten Stätten der Auslandsbildung zu machen. Das Bedürfnis nach besserer Auslandsbildung ist aber in weiten Kreisen unseres Volkes zu dringend, als daß man darauf warten könnte, bis hier die notwendigen Schritte geschehen.

Was für die Universitäten im allgemeinen gilt, das gilt auch für die einzelnen Universitäten. Man hat auf das von Professor Harms geschaffene Institut der Universität Kiel für Seeverkehr und Weltwirtschaft hingewiesen, das vom Hauptverband deutscher Flottenvereine einen jährlichen Beitrag von 4000 Mk. und von einem leipziger Verlagsbuchhändler einen solchen von 2000 Mk. erhalte. Man hat vorgeschlagen, im Anschluß an die Vorlesungen, die Geheimrat Zoepfl an der Universität Berlin über Weltwirtschaft und koloniale Fragen halte und die gegenwärtig etwa 90 Hörer hätten, in Berlin ein ähnliches Institut zu errichten.

Hiergegen ist gewiß nichts einzuwenden, nur muß man nicht glauben, daß die Universität Kiel durch ihr Institut eine besonders geeignete Stätte zur Vorbildung für das Ausland sei oder daß die Universität Berlin es durch Errichtung eines ähnlichen Instituts werden könne. Wer erkannt hat, was zu einer gediegenen Vorbildung für das Ausland gehört, der weiß, daß hier den Universitäten eine Aufgabe gestellt ist, bei deren Größe das Vorhandensein eines Instituts für Weltwirtschaft oder gar einer Vorlesung über diesen Gegenstand keine Rolle spielt.

3. Dr. Palme, Lehrer am orientalischen Seminar der Universität Berlin, hat im Jahre 1912 vorgeschlagen, das orientalische Seminar zu einer deutschen Auslandshochschule auszubauen[1]).

[1]) Im Berliner Tageblatt vom 13. November 1912 und in der 1914 erschienen Schrift Die deutsche Auslands-hochschule und das nationenwissenschaftliche Studium des Auslandes.

1913 hat der Reichstag auf Antrag der Abgeordneten Erzberger und von Richthofen beschlossen, die Regierung zu ersuchen, sie möge eine Denkschrift über den Ausbau des Seminars zu einer Auslandshochschule vorlegen. Der Gedanke hat dann eine Reihe von Anhängern gefunden, namentlich hat Professor Dr. Pohl in Greifswald ihn in einer Schrift [1]) aufgenommen.

Der Plan ist vortrefflich. Eine im großen Stil vom Deutschen Reich errichtete Auslandshochschule würde alles das bieten, was erforderlich ist, um unseren Beamten, Marineoffizieren und Offizieren, Missionaren, Kaufleuten, Parlamentariern und Journalisten die wünschenswerte Vorbildung für das Ausland zu geben. Das Auswärtige Amt des Deutschen Reiches wirkt bereits gegenwärtig bei der Verwaltung des Seminars mit, das Reich trägt die Hälfte der Kosten des Seminars, so liegt der Gedanke nahe, das Seminar zur Reichsanstalt zu machen und auf diese Weise die gewaltigen Kräfte des Reiches in den Dienst einer großartigen Aufgabe zu stellen.

Die Schwierigkeiten sind freilich größer, als sie auf den ersten Blick erscheinen mögen. Das orientalische Seminar ist bis jetzt fast nur Sprachschule. Es ist eine Sprachschule großen Stiles, an welcher von fünfzig Dozenten und Lektoren mehr Sprachen gelehrt werden als an irgend einer anderen Anstalt der Welt. Dagegen werden an dem Seminar nur ganz wenige Vorlesungen gehalten, welche in die Verhältnisse fremder Länder, ihre natürlichen, rechtlichen und wirtschaftlichen Lebensbedingungen einführen. Solche Vorlesungen aber, welche eine geographische, juristische, national- und privatökonomische oder historisch-politische Bildung und damit den allgemeinen Unterbau jeder wirklich wertvollen Vorbildung für einen bestimmten Teil des Auslandes gäben, fehlen an dem Seminar völlig.

Bei dieser Sachlage würde der Ausbau des Seminars zu einer Auslandshochschule nahezu der Neuerrichtung einer solchen gleichkommen. Der allgemeinwissenschaftliche Unterbau, wie ihn eine Auslandshochschule unbedingt braucht, müßte erst geschaffen werden. Es müßten geeignete Lehrkräfte für Geographie, Rechtswissenschaft,

[1]) Die deutsche Auslandshochschule, 1913.

National- und Privatökonomie, Geschichte und Politik berufen werden, und diese hätten sich gemeinsam in die eigenartige pädagogische Aufgabe einzuarbeiten. Ferner wäre dem gegenwärtigen Unterricht in den Sprachen zahlreicher Auslandsgebiete ein Unterricht an die Seite zu stellen, der die natürlichen, rechtlichen und wirtschaftlichen Verhältnisse dieser Gebiete zum Gegenstand hätte. Damit wäre aber viel mehr zu schaffen als das gegenwärtig Vorhandene, denn die gesamten Verhältnisse eines Landes sind ein ungleich größerer und schwierigerer Gegenstand als dessen Sprache.

Trotzdem wäre es natürlich möglich, mit den großen Mitteln des Reiches die Sprachschule, die das orientalische Seminar gegenwärtig noch ist, in eine Hochschule für Auslandskunde umzuwandeln. Aber leider sind die Aussichten auf Verwirklichung dieses schönen Gedankens gering. Einflußreiche Persönlichkeiten sind aus den verschiedensten Gründen Gegner der Ausgestaltung des Seminars, und so hat sich denn auch der preußische Kultusminister in der Sitzung der Budgetkommission des Abgeordnetenhauses vom 24. Februar 1914 gegen eine solche Ausgestaltung des Seminars erklärt.

4. In Hamburg tritt man in der letzten Zeit dafür ein, das Hamburgische Kolonialinstitut zur Auslandshochschule auszubauen. Das Institut ist bereits gegenwärtig weit über die Aufgaben hinausgegangen, die in seinem Namen ausgedrückt sind. Aus einem Kolonialinstitut wird es mehr und mehr ein Institut für Auslandskunde. Der hamburgische Senat hat erst jetzt bei der Bürgerschaft den Antrag gestellt, die Kosten dreier neuer Professuren zu bewilligen, einer für Geschichte und Kultur Rußlands, einer für Sprache und Kultur Japans und einer für Kultur und Geschichte Indiens.

Es wäre sehr gut, wenn dieser Plan Verwirklichung fände. Wenn auch eine in Hamburg errichtete deutsche Auslandshochschule nicht die zentrale Stellung im Leben des deutschen Volkes einnehmen würde wie eine in Berlin errichtete Reichsanstalt, so könnte sie doch sehr Wertvolles zur Bildung für das Ausland bieten. Sie könnte es um so mehr, als die Stadt Hamburg und ihre Großkaufleute täglich von neuem durch Erweiterung des Kolonialinstituts ihre Leistungsfähigkeit und Opferwilligkeit beweisen.

Aber auch hier bestehen Schwierigkeiten. Dem Kolonialinstitut fehlt trotz allem, was es bietet, zu einer Auslandshochschule noch viel. Der allgemeinwissenschaftliche Unterbau ist sehr lückenhaft, privatökonomische Vorlesungen fehlen fast ganz, und auch an zusammenfassenden geographischen und juristischen Vorlesungen fehlt es. Das gleiche gilt für den landeskundlichen Oberbau, Sprachkurse werden in großer Zahl gehalten, dagegen mangelt es an Vorlesungen über die Verhältnisse der Länder, deren Sprache gelehrt wird.

Immerhin ließen sich diese Schwierigkeiten überwinden, wenn nicht ein Übelstand wäre, der schwer zu beseitigen sein wird. Das Hamburger Kolonialinstitut leidet an einem argen Mangel an Hörern, der notwendig die Arbeitsfreudigkeit der Dozenten lähmen und die ganze Entwicklung des Instituts beeinträchtigen muß. Es gibt wichtige Vorlesungen hervorragender Männer, die von nicht mehr als zehn bis zwölf Hörern besucht werden. Dieser Mangel an Hörern beruht auf den eigenartigen Verhältnissen Hamburgs.

Die hamburgische Kaufmannschaft steht im allgemeinen auf dem Standpunkt, daß der Kaufmann eine gute Berufsbildung am besten durch den Aufenthalt im Auslande erlangt, und schätzt jede theoretische Vorbildung gering[1]). Daß einzelne hervorragende Geister sich von diesem Vorurteil befreit haben, zeigt die Errichtung des Kolonialinstituts, die Mehrzahl aber wird heute noch von ihm beherrscht. Hierauf beruht es, daß die Bewohner Hamburgs nicht entfernt in dem Maße das Kolonialinstitut besuchen, in welchem dessen Leistungen dies rechtfertigen.

Aber auch Auswärtige besuchen das Kolonialinstitut nicht in dem wünschenswerten Maße. Hamburg ist keine Stadt, nach der man geht, um höhere Bildung zu erlangen. Diesen Charakter hat es auch durch das Kolonialinstitut nicht zu erlangen vermocht. Wer nach Berlin oder Leipzig geht, hat unvergleichliche Bildungsmittel der verschiedensten Art zu seiner Verfügung. Wer sich nach Hamburg begibt, muß sich im wesentlichen mit denen des Kolonialinstituts begnügen.

So großartig das Kolonialinstitut gedacht ist, so opferwillig die Stadt Hamburg und ihre Bevölkerung immer neue Summen zu

[1]) Dies tritt hervor in dem Schreiben von C. F. W. Nottebohm (S. 42—43).

seinem Ausbau zur Verfügung stellen, so schwer wird es aus diesen Gründen in absehbarer Zeit fallen, ihm die Hörerzahl zu verschaffen, die zu seiner gedeihlichen Entwicklung erforderlich ist. Unter diesen Umständen ist es sehr zweifelhaft, ob man in Hamburg auf die Dauer die Neigung haben wird, auf dem so mutig betretenen Wege fortzuschreiten. Jede Erweiterung des Kolonialinstituts bedeutet für Hamburg eine neue finanzielle Belastung. Je größer aber das Gesamtmaß der von so geringem äußerem Erfolge belohnten Aufwendungen wird, desto mehr werden die Kreise von Unlust erfüllt werden, die für den Ausbau des Kolonialinstituts zu einer Auslandshochschule eintreten.

2. Ausbau der Handelshochschule Berlin.

1. Die Hoffnung wäre gering, unser Bedürfnis nach besserer Auslandsbildung zu befriedigen, wenn nicht noch eine aussichtsreiche Möglichkeit bestände: der Ausbau der Handelshochschule Berlin zur Auslandshochschule.

Die Handelshochschulen sind nicht umsonst die jüngsten Hochschulen. Die juristisch-ökonomisch-geographische Ausbildung, die sie dem Kaufmann für seinen Beruf bieten, ist zugleich die beste geistige Ausrüstung des modernen Menschen und die geeignetste Vorbildung für jeden, der in ein fremdes Land gehen will. Denn natürliche Verhältnisse der Erdoberfläche, rechtliche und wirtschaftliche Verhältnisse sind es vorzugsweise, mit denen er vertraut werden muß, und dies wird ihm ungemein erleichtert, wenn sein Blick für solche Dinge geschärft ist. Auf diese Weise besitzen die Handelshochschulen bereits auf grund ihrer bisherigen Aufgaben den allgemeinwissenschaftlichen Unterbau jeder Auslandsbildung. Man braucht nur den landeskundlichen Oberbau neu hinzuzufügen, Auslandsinstitute für die wichtigsten Erdgebiete an sie anzugliedern, um sie zugleich zu Auslandshochschulen zu machen.

Diese Aufgabe ist freilich groß. Zu dem landeskundlichen Oberbau, den eine Auslandshochschule braucht, sind an den Handelshochschulen gegenwärtig nur ganz unbedeutende Ansätze vorhanden [1]).

[1]) So die Handelskammer Sonneberg (S. 22).

Um Auslandsinstitute auch nur für die wichtigsten Erdgebiete zu schaffen, bedarf es eines großen Aufwandes an geistigen Kräften und materiellen Mitteln. Man kann deshalb nicht daran denken, gleich sämtliche Handelshochschulen mit einem Male zu Auslandshochschulen auszubauen.

Auch das würde nicht zweckmäßig sein, die verschiedenen Handelshochschulen zu Hochschulen für einzelne Teile des Auslandes zu machen, so daß etwa eine Handelshochschule sich vorwiegend mit den romanischen Gebieten zu beschäftigen hätte, eine andere mit den germanischen, eine dritte mit den slavischen und eine vierte mit den asiatischen Ländern [1]). Denn auf diese Weise würden alle Vorteile der Konzentration wegfallen: das Zusammenströmen aller derer, die nach Auslandsbildung streben, die gegenseitige Anregung und Befruchtung der Dozenten und die Möglichkeit für diejenigen, die sich mit Weltwirtschaftslehre, allgemeiner Wirtschaftsgeographie und ähnlichem beschäftigen, an einem Ort das gesamte Material beisammen zu finden.

Deshalb ist es das zweckmäßigste, zunächst nur eine Handelshochschule zur Auslandshochschule auszubauen, diese aber allseitig, ohne Beschränkung auf einen engeren Teil der Erde [2]). Hierfür eignet sich am meisten die Handelshochschule Berlin. Sie hat alle Vorteile, die sich daraus ergeben, daß sie in einer Weltstadt und zugleich in der Hauptstadt des Deutschen Reiches liegt. Als Sitz einer zahlreichen und bedeutenden Kaufmannschaft, der obersten Behörden des Reichs und Preußens, des Reichstags und des Preußischen Landtages sowie einer Reihe von führenden Zeitungen sichert Berlin seiner zur Auslandshochschule ausgebauten Handelshochschule einen Hörerkreis, auf den keine andere Handelshochschule zählen kann. Hierzu kommt die Konzentration des geistigen Lebens in Berlin, wegen deren Lernbegierige auch von auswärts sich mit Vorliebe nach Berlin wenden: die Universität mit ihrem orientalischen Seminar und die zahlreichen anderen Bildungsmittel Berlins

---

[1]) Dies empfehlen die Handelskammer Cottbus (S. 18) und Kommerzienrat Marx (S. 40).

[2]) So die Handelskammer Frankfurt a. M. (S. 20), Kommerzienrat Beit v. Speyer und Franz Urbig (S. 24, 52).

würden für diejenigen, die die Auslandshochschule besuchten, eine wertvolle Ergänzung bieten. Auch das kommt in Betracht, daß in Berlin eine ganze Anzahl von Persönlichkeiten lebt, die als gute Kenner fremder Länder geeignet sind, über diese Länder zu lehren, und daß bei einer Ausgestaltung der Handelshochschule Berlin sich diese Persönlichkeiten ohne Wechsel ihres Wohnsitzes und daher leichter und billiger gewinnen ließen.

Ein Ausbau der Handelshochschule Berlin zur Auslandshochschule ist danach das beste Mittel, um das nationale Bedürfnis nach besserer Auslandsbildung zu befriedigen. Zugleich liegt er aber auch in hohem Maße im Interesse der Handelshochschule selbst, er verschafft ihr gewaltige Entwicklungsmöglichkeiten. Die Richtung der Zeit geht auf Expansion. Alles wächst ins Riesenhafte, nur was diese Entwicklung mitmachen kann, behauptet sich. Wie ein Staat, der sich auf die europäische Politik beschränkt, auf die Dauer nicht Großmacht bleiben kann, wie ein Bankhaus von lokalem Charakter ins Hintertreffen geraten muß, so wird auch eine Handelshochschule verkümmern müssen, die es unterläßt, sich auszubauen und weiter zu entwickeln.

Die Handelshochschulen haben dies erkannt. Die Handelshochschule Köln hat sich eine Akademie für Kommunal- und Sozialwissenschaft angegliedert. Die Frankfurter Akademie wird gegenwärtig zur Universität ausgestaltet. Will die Handelshochschule Berlin nicht die schmerzliche Erfahrung machen, daß Stillstand Rückschritt bedeutet, so muß sie die Gelegenheit wahrnehmen, sie muß sich zur Auslandshochschule ausbauen.

Gegen die Ausgestaltung der Handelshochschule Berlin zu einer Auslandshochschule hat man verschiedene Bedenken geäußert. Man hat gesagt, die Handelshochschule Berlin sei eine private Anstalt und könne deshalb nicht verwendet werden, um unseren Beamten die erforderliche Auslandsbildung zu geben.

Zunächst ist dies nicht ganz richtig. Die Handelshochschule Berlin ist errichtet von der Korporation der Kaufmannschaft von Berlin, einer Körperschaft des öffentlichen Rechts, und sie untersteht der Aufsicht der Königlichen Staatsregierung. Der Minister der geistlichen und Unterrichtsangelegenheiten und der Minister für

Handel und Gewerbe haben gemeinsam ihre Ordnungen genehmigt, die hauptamtlichen Dozenten können nur mit Bestätigung des Ministers für Handel und Gewerbe angestellt werden und sind mittelbare Staatsbeamte, auch der Rektor bedarf der Bestätigung des Ministers, und an der Spitze der Prüfungskommission steht ein von dem Minister für Handel und Gewerbe im Einverständnis mit dem Minister der geistlichen und Unterrichtsangelegenheiten ernannter Vorsitzender. Die Handelshochschule Berlin ist hiernach keineswegs eine private Veranstaltung.

Das ist allerdings richtig, daß sie keine staatliche Einrichtung ist. Aber es ist nur reizvoll, daß hier eine Bildungsaufgabe größten Stils ohne Hilfe des Staates von einer Körperschaft übernommen worden ist, und es ist wünschenswert, diesen Weg weiter zu verfolgen. Der geniale Althoff hat klar gesehen, daß man, um unser fortschreitendes Bildungsbedürfnis zu befriedigen, die Kräfte der im Staate bestehenden Körperschaften heranziehen muß, viele von den Schöpfungen, die er angeregt und gefördert hat, beruhen auf diesem Gedanken. In der gleichen Linie würde der Ausbau der Handelshochschule Berlin zu einer Auslandshochschule liegen.

Aus dem nichtstaatlichen Charakter der Handelshochschule Berlin folgt nichts, was ihrem Ausbau zur Auslandshochschule entgegenstände. Dies gilt nicht nur für die Ausbildung von Kaufleuten, Missionaren, Parlamentariern und Journalisten, sondern auch für die der Beamten und Offiziere. Denn ganz abgesehen von den Garantieen, die in der staatlichen Bestätigung der hauptamtlichen Dozenten und des Rektors liegen, würde ja der Staat jederzeit in der Lage sein, wenn die Hochschule eine ihm nicht wünschenswerte Entwicklung nähme, ihr seine Beamten und Offiziere fernzuhalten und neue Möglichkeiten für deren Ausbildung zu schaffen.

Noch ein zweites Bedenken ist gegen die Ausgestaltung der Handelshochschule Berlin zur Auslandshochschule geltend gemacht worden. Man hat die Befürchtung geäußert, daß hier unter dem stolzen Namen Auslandshochschule nur etwas Unbedeutendes geschaffen werden würde.

In der Tat ist in Zeitungsartikeln wiederholt die Behauptung aufgestellt worden, der Handelshochschule Berlin fehle, um als Auslandshochschule zu dienen, nur wenig. Es sei so viel vorhanden, daß die Handelshochschule ihrem innersten Wesen nach heute bereits eine Auslandshochschule darstelle. Zum Beweise hat man einige Vorlesungen über ausländische Dinge angeführt und sich sogar darauf berufen, daß die im volkswirtschaftlichen und im handelswissenschaftlichen Seminar der Handelshochschule von den Teilnehmern angefertigten Arbeiten in einigen Fällen Erscheinungen ausländischen Wirtschaftslebens behandelt haben.

Ein solcher Standpunkt wäre für die Handelshochschule die allerungeeignetste Grundlage, um irgend etwas Wertvolles zu schaffen. Wie bei dem Einzelnen Selbstzufriedenheit das größte Hindernis des Fortschrittes ist, so wird auch eine öffentliche Anstalt nur dann sich kraftvoll weiterentwickeln können, wenn sie klar erkennt, was ihr fehlt. Die Handelshochschule Berlin kann nicht zur Auslandshochschule werden, wenn sie sich einbildet, es bereits zu sein.

Die rechte Erkenntnis ist aber bei der Handelshochschule Berlin glücklicherweise vorhanden. Rektor und Dozentenkollegium erkennen, wie wertvoll für die gesamte Wohlfahrt des deutschen Volkes und für die Handelshochschule selbst ihr Ausbau zur Auslandshochschule sein würde, zugleich aber auch, wieviel dazu gehört, diesen Ausbau zu vollbringen. Sie zählen darauf, daß die Ältesten der Kaufmannschaft von Berlin in dem gegenwärtigen Augenblick, den man als eine Schicksalsstunde der Handelshochschule bezeichnen kann, sich den Forderungen der Zeit nicht verschließen werden.

Gegen die Ausgestaltung der Handelshochschule Berlin zu einer Auslandshochschule hat man dann noch ein drittes Bedenken geäußert, die aufzuwendenden Kosten[1]).

Vor kurzem veröffentlichte die Deutsche Vereinigung in Schanghai eine Denkschrift zur Förderung des Deutschtums in China, in welcher es als notwendig erklärt wurde, gegenüber dem Wettbewerb anderer Völker auf dem chinesischen Markt auch unserseits allerlei zu tun: man müsse durch Ausbreitung der deutschen Sprache in China, Ausbildung von Chinesen in Deutschland und ähnliche Mittel uns den wünschenswerten Anteil am chinesischen Markt zu sichern

[1]) So Unterstaatssekretär Göppert (S. 33).

suchen. Die Kosten wurden dahin berechnet, daß an einmaligen Ausgaben etwa 5 Millionen Mark, an dauernden, jährlich wiederkehrenden Aufwendungen etwa 3½ Millionen Mark aufzubringen seien. In dieser Denkschrift kommt der sehr richtige Gedanke zum Ausdruck, daß unsere wirtschaftliche Ausbreitung für uns von so ungeheurem Werte ist, daß wir uns nicht scheuen dürfen, einige Millionen jährlich für sie aufzuwenden.

Bei einem Ausbau der Handelshochschule Berlin zu einer Auslandshochschule würde es sich nicht um Millionen handeln, sondern nur um einen Betrag von jährlich etwa 100 000 Mark. Wenn man sich vergegenwärtigt, wie groß der Vorteil ist, den gut ausgebildete Vertreter im Auslande unserer auswärtigen Politik, unserm Handel und nicht zum mindesten unserer Industrie bringen müssen, so erscheint eine solche Summe als äußerst gering[1]). Sie wird sich mit Leichtigkeit aufbringen lassen, wenn die Leistungen der Korporation der Kaufmannschaft von Berlin durch andere Beiträge, sei es von unseren Großkaufleuten und Industriellen, sei es von seiten des Staates[2]), ergänzt werden.

2. Was hat zu geschehen, um die Handelshochschule Berlin zur Auslandshochschule zu machen? Der Lehrplan bedarf einer erheblichen Erweiterung.

Der allgemeinwissenschaftliche Unterbau, wie ihn die Auslandshochschule braucht, ist allerdings an der Handelshochschule Berlin in ziemlich vollkommener Gestalt vorhanden.

Der geographische, juristische, national- und privatökonomische Unterricht ist vortrefflich ausgebildet, dies zeigt schon ein flüchtiger Blick in das Vorlesungsverzeichnis. Ein Mangel liegt darin, daß kein Geograph hauptamtlich angestellt ist und von den beiden ausgezeichneten Vertretern der Geographie daher keiner in der Lage ist, seine ganze Kraft der Hochschule zu widmen, dieser Mangel wird aber in kurzem beseitigt werden. Ferner muß der Unterricht im Völkerrecht ausgebaut werden, gegenwärtig wird über

---

[1]) In diesem Sinne sprechen sich aus Wirkl. Geh. Rat v. Kranold, Geh. Kommerzienrat Lehmann und Staatsminister v. Loebell (S. 36, 37, 39).

[2]) So die Handelskammer Frankfurt a. M. (S. 20).

Völkerrecht nur alle zwei Semester eine zweistündige Vorlesung gehalten.

Der historisch-politische Unterricht bedarf der Ergänzung. Es werden zu wenig Vorlesungen über die neueste Geschichte gehalten, und ein noch größerer Mangel ist an Vorlesungen über Politik. Man sollte versuchen, bei der immer engeren Verflechtung von Weltwirtschaft und Weltpolitik und bei der wachsenden Bedeutung des Völkerrechts auf diesen Gebieten eine Kraft ersten Ranges zu gewinnen, die über Weltpolitik, Weltwirtschaft und Völkerrecht aus der Fülle praktischer Erfahrung heraus Vorlesungen in großem Stil zu halten im stande wäre.

Ein guter Unterricht wird bereits auf dem Gebiete der chemischen und mechanischen Technologie erteilt, seinen Zwecken dienen ein reich ausgestattetes chemisches und physikalisches Institut.

Auch auf anderen Gebieten werden einzelne Vorlesungen gehalten, die zur allgemeinen Vorbereitung für das Ausland dienlich sind, hierher gehören namentlich die Vorlesungen über Völkerkunde und Kunstgeschichte.

Anders als mit dem allgemeinwissenschaftlichen Unterbau der Auslandshochschule steht es mit ihrem landeskundlichen Oberbau. Er muß ganz neu geschaffen werden. Die Vorlesungen über Weltwirtschaft, Weltwechselrecht, Völkerkunde und ähnliches sind nicht hierher zu rechnen, da sie sich ja nicht mit den Verhältnissen eines einzelnen Landes befassen, sondern große Überblicke über die verschiedensten Länder geben. Abgesehen von den Sprachkursen im Englischen, Französischen, Spanischen, Portugiesischen und Russischen kommen in jedem Semester nur zwei oder drei einstündige Vorlesungen über einzelne Teile der englischen, französischen und russischen Kulturwelt in Betracht.

Es muß eine Anzahl Auslandsinstitute eingerichtet werden, zunächst für diejenigen Erdgebiete, mit denen Deutschland in besonders engen politischen und wirtschaftlichen Beziehungen steht, später bei gutem Gedeihen der Auslandshochschule auch für weitere Erdgebiete[1]). Zunächst sind etwa sieben Institute zu schaffen,

[1]) Siehe S. 87.

für England und seine Kolonien, für die Vereinigten Staaten von Nordamerika, für das spanische Südamerika, für Rußland, für Vorderasien, für China und für das deutsche Kolonialreich.

An die Spitze jedes dieser Institute muß man einen Dozenten stellen, der, gestützt auf eine gediegene Sprach- und Landeskenntnis, über die Verhältnisse des in Betracht kommenden Erdgebietes vorträgt[1]). Den Unterricht in jedem Auslandsinstitut wird man am besten in die Hände einer einzigen, allseitig unterrichteten Persönlichkeit legen, da dies die sicherste Gewähr einer geschlossenen Ausbildung ist. Soweit dem Leiter eines Institutes die geographische Bildung fehlt, wird man jedoch die Darstellung der natürlichen Verhältnisse des Landes einem der an der Hochschule wirkenden Geographen übertragen können. Selbst wenn später einmal sehr große Mittel vorhanden sein sollten, wird man in einem Institut nicht mehrere Spezialisten für einzelne Sachgebiete anstellen, sondern mehrere Kenner der gesamten Landeskultur, die abwechselnd denselben Stoff behandeln.

Die Lehrer der Handelshochschule Berlin zerfallen in haupt- und nebenamtliche Dozenten, die hauptamtlichen Dozenten haben den Vorzug, daß sie, ungehindert durch andere Verpflichtungen, ihre ganze Kraft der Hochschule zur Verfügung stellen. Es ist deshalb erstrebenswert, daß die Leiter der Auslandsinstitute hauptamtlich angestellt sind. Doch wird man sich mit Rücksicht auf die Kosten für den Anfang mit nebenamtlicher Anstellung begnügen können. Da es für den Unterricht ausreicht, wenn der Dozent fünf Stunden die Woche liest, so kann neben der Tätigkeit in dem Auslandsinstitut eine andere Berufstätigkeit einhergehen. In Berlin wird die Errichtung der Institute dadurch sehr erleichtert, daß dort eine Anzahl ausgezeichneter Auslandskenner ansässig sind, die unter Beibehaltung einer sie nur halb in Anspruch nehmenden Berufstätigkeit die andere Hälfte ihrer Kraft gern einem Auslandsinstitut widmen werden.

Neben die haupt- oder nebenamtlichen Dozenten an den Auslandsinstituten werden hoffentlich bald Privatdozenten treten.

[1]) Siehe S. 84—85, 87—90.

Die Ordnung der Handelshochschule Berlin sieht den Erlaß einer Habilitationsordnung vor, die von dem Minister für Handel und Gewerbe und dem Minister der geistlichen und Unterrichtsangelegenheiten gemeinsam zu schaffen ist. Es besteht begründete Aussicht, daß die Habilitationsordnung in kurzem zu stande kommen wird.

Für jedes Auslandsinstitut muß man ferner, soweit solche noch nicht vorhanden sind, Lektoren anstellen[1]). Die Handelshochschule Berlin hat bereits Lektoren für englisch, französisch, italienisch, spanisch und russisch. Sie können den verschiedenen Auslandsinstituten zugeteilt werden. Neu anzustellen ist in dem Institut für Vorderasien ein Lektor des Arabischen, in dem Institut für China ein solcher des Chinesischen.

Als Unterrichtsmittel und als Mittel der Weiterbildung für den Dozenten muß jedes Auslandsinstitut eine Bibliothek und ein Archiv bekommen, denen sich nach einiger Zeit eine technologische Sammlung anschließen mag[2]). Für den Anfang muß man vor allem gute Karten des in Betracht kommenden Erdgebietes erwerben, ferner seine wichtigsten amtlichen Drucksachen und die bedeutenderen es behandelnden Werke.

3. Die Organisation der Handelshochschule Berlin kann bei ihrem Ausbau zur Auslandshochschule so gut wie ganz unverändert bleiben. Hierin tritt deutlich hervor, wie sehr der Ausbau zur Auslandshochschule eine natürliche Fortentwicklung der Handelshochschule ist.

Die Handelshochschule Berlin hat eine ähnliche Selbstverwaltung wie die Universitäten. Die Leitung liegt in den Händen eines von den hauptamtlichen Dozenten gewählten Rektors. Berufungen erfolgen auf Grund einer vom Dozentenkollegium aufgestellten Vorschlagsliste und zwar Berufungen hauptamtlicher Dozenten unter allen Umständen, Berufungen nebenamtlicher Dozenten, wenn diese mehr als zwei Stunden die Woche lesen sollen, von den Vorschlägen des Dozentenkollegiums kann die Verwaltung nur ausnahmsweise unter Angabe von Gründen abweichen. Dieses System erleichtert es nicht nur der Handelshochschule, die besten

[1]) Siehe S. 90.

[2]) Siehe S. 91.

Persönlichkeiten zur Ausfüllung der Lücken ihres Lehrkörpers zu finden, sondern sie macht es ihr auch möglich, solche Dozenten zu gewinnen, die gemäß der Tradition, die sie von den Universitäten mitbringen, nur in einem Kollegium zu wirken, nicht aber sich einem Studiendirektor unterzuordnen geneigt sind.

Daß die Handelshochschule Berlin nach diesem System verwaltet wird, wird sich nach ihrem Ausbau zur Auslandshochschule als höchst förderlich erweisen. Alsdann bedarf sie ausgezeichneter Kräfte, die nicht leicht zu erlangen sind. Als Leiter der Auslandsinstitute werden hauptsächlich reife Männer in Betracht kommen, die sich bereits eine Stellung im Leben errungen haben. Ihre Verfassung wird es der Handelshochschule Berlin sehr erleichtern, solche Kräfte zu gewinnen [1]).

Als Studierende der Handelshochschule werden gegenwärtig aufgenommen: erstens Personen, die das Reifezeugnis einer neunklassigen höheren Lehranstalt oder eine gleichwertige Bildung besitzen; zweitens Kaufleute, die die Berechtigung zum einjährigen Dienst besitzen und die Lehrzeit beendet haben; drittens akademische Lehrer und Lehrerinnen und solche seminaristisch gebildete, die die zweite Lehramtsprüfung bestanden haben; viertens mit Zustimmung eines Aufnahmeausschusses ausnahmsweise auch solche Personen, die jenen Voraussetzungen nicht entsprechen, aber dennoch eine genügende Vorbildung nachweisen können (§ 6 der Ordnung der Handelshochschule).

Alles dies kann nach dem Ausbau der Handelshochschule zur Auslandshochschule so bleiben [2]). Schwierigkeiten könnten höchstens dadurch entstehen, daß Personen den berechtigten Wunsch haben werden, an der Auslandshochschule zu studieren, die zwar ein Mindermaß von Schulbildung durch Kenntnis des Lebens ersetzen, aber sich diese nicht in einer kaufmännischen, sondern z. B. in einer industriellen oder landwirtschaftlichen Tätigkeit angeeignet

---

[1]) Mit Recht weisen das Vorsteheramt der Kaufmannschaft von Danzig (S. 19) und Franz Urbig (S. 52) darauf hin, daß reife Männer, die im Ausland gewirkt haben, sich nicht gern dem Zwange eines „Schulorganismus" einfügen werden.

[2]) Siehe S. 93.

haben. Indessen läßt der Aufnahmeausschuß schon jetzt regelmäßig solche Personen als Studierende zu, und beim Ausbau der Handelshochschule zur Auslandshochschule würde er erst recht keine Bedenken gegen ihre Zulassung haben. Immerhin wäre es eine Vereinfachung, wenn man die Aufnahmebedingungen in dem Sinne änderte, daß man als Studierende nicht nur Kaufleute, welche die Berechtigung zum einjährigen Dienst erworben und die Lehrzeit beendet haben, zuließe, sondern ganz allgemein solche Personen, welche die Berechtigung zum einjährigen Dienst erlangt und sich drei Jahre im praktischen Leben bewährt haben.

Die regelmäßige Dauer des Studiums an der Handelshochschule beträgt gegenwärtig vier Semester. Dies kommt darin zum Ausdruck, daß zur Diplomprüfung nur zugelassen wird, wer vier Semester studiert hat (§ 4 der Diplomprüfungsordnung). Einige Studierende machen von der Möglichkeit Gebrauch, sich durch ein längeres Studium eine tiefere Ausbildung zu verschaffen.

Nach dem Ausbau der Handelshochschule zur Auslandshochschule kann dies so bleiben[1]). Eine ordentliche Vorbildung für einen bestimmten Teil des Auslandes läßt sich im allgemeinen in vier Semestern erwerben. Wer bei der Ausbildung für Vorderasien die Kenntnis des Arabischen erstrebt, wird freilich sechs Semester, wer bei der Ausbildung für China chinesisch lernen will, sogar acht Semester studieren müssen[2]). Auch abgesehen von diesen besonderen Fällen aber wird eine Verlängerung der Studiendauer auf fünf oder sechs Semester zum Zweck vertiefter Ausbildung nur wünschenswert sein.

Den Abschluß des Studiums an der Handelshochschule bildet gegenwärtig für die meisten Studierenden die nach einem Studium von vier Semestern mögliche Diplomprüfung. Sie findet in vier Fächern statt, deren Wahl dem Kandidaten freisteht. Zwei Fächer sind als Hauptfächer, zwei andere als Nebenfächer zu wählen. Als Hauptfach können gewählt werden Privatwirtschaftslehre, Volkswirtschaftslehre, Rechtswissenschaft, Chemie, Physik und Geographie; als Nebenfächer sind wählbar die als Hauptfächer wählbaren Fächer

[1]) Siehe S. 94—95.

[2]) Siehe S. 92.

sowie ferner Versicherungslehre, Genossenschaftslehre und fremde Sprachen. Durch Beschluß der Prüfungskommission kann mit Zustimmung der Ältesten der Kaufmannschaft von Berlin und mit Genehmigung des Ministers für Handel und Gewerbe weiteren Fächern die Wählbarkeit als Haupt- oder Nebenfach verliehen werden (Ordnung für die Diplomprüfung §§ 4, 5).

Diese Prüfung kann als Abschluß des Auslandsstudiums an der Handelshochschule bestehen bleiben[1]). Sie eignet sich vortrefflich zu dem Nachweis, daß jemand sich zugleich die allgemeinen Grundlagen jeder Auslandsbildung und die Kenntnis eines besonderen Erdgebietes sowie der in ihm vorherrschenden Sprache angeeignet hat. Es bedarf nur eines Beschlusses der Prüfungskommission, der die Sprache und Kultur derjenigen Erdgebiete, für welche Auslandsinstitute eingerichtet sind, als Hauptfächer zuläßt. Den Abschluß des Studiums wird alsdann eine Prüfung bilden, deren Gegenstand neben der Sprache und Kultur eines fremden Landes Geographie, Jurisprudenz und National- oder Privatökonomie bilden.

Es wird jedoch zweckmäßig sein, wenn man im Anschluß an diese Prüfung noch eine zweite, höhere Diplomprüfung einrichtet, die außer der bestandenen ersten Diplomprüfung ein weiteres Studium von zwei Semestern zur Voraussetzung hat. Die Handelshochschule Mannheim hat eine solche höhere Diplomprüfung bereits als allgemeine Einrichtung geschaffen, die preußischen Handelshochschulen werden über kurz oder lang ihrem Beispiel folgen müssen, damit nicht die Vorstellung entsteht, als ob tiefer durchgebildete Diplomkaufleute nur aus Baden zu beziehen seien. Jedenfalls aber wird man gut daran tun, nach Erweiterung der Handelshochschule Berlin zur Auslandshochschule eine solche Prüfung zum Nachweis einer höheren Auslandsbildung zu schaffen. Wenn auch für den Anfang nur wenige Studierende sich entschließen werden, das akademische Triennium auf das Studium zu verwenden, so muß man doch diesen wenigen Gelegenheit geben, in einer Prüfung darzutun, daß sie mit Erfolg gearbeitet haben.

---

[1]) Siehe S. 95.

Ist erst die zweite Prüfung eingeführt, so wird sich ganz von selbst das Bestreben geltend machen, daß sie das Anrecht auf die Doktorwürde verleiht. Dieses Bestreben ist etwas allgemeines, bei den Technischen Hochschulen hat es erst jüngst dahin geführt, daß als letzter Abschluß des Studiums die Würde eines Doktor-Ingenieurs erworben werden kann. An den Handelshochschulen wird nach Einführung des akademischen Trienniums das gleiche Verlangen auftreten. Aber es wird sich dagegen nichts einwenden lassen. Der Wunsch, einem erfolgreich abgeschlossenen Studium einen nach außen hin wirkungsvollen Abschluß geben zu können, ist durchaus verständlich und als Antrieb zum eifrigen Studium von Nutzen für die Gesamtheit.

Neben den Studierenden der Handelshochschule stehen heute als weitere Besucher die Hospitanten und Hörer.

Als Hospitanten werden solche Personen aufgenommen, die den Aufnahmebedingungen für die Studierenden genügen, aber durch persönliche Verhältnisse verhindert sind, sich als Studierende immatrikulieren zu lassen. Als Hörer, mit dem sehr beschränkten Rechte, einstündige Vorlesungen zu besuchen, werden Personen mit beliebiger Vorbildung zugelassen (Bestimmungen vom 6. Juni 1906).

Dies kann nach dem Ausbau der Handelshochschule so bleiben[1]). Wer nicht eine geschlossene Auslandsbildung erstrebt, sondern sich nur obenhin mit den Verhältnissen eines fremden Landes oder mit dessen Sprache vertraut machen möchte, hat dazu als Hospitant oder Hörer Gelegenheit.

Bereits in ihrer gegenwärtigen Gestalt dient die Handelshochschule nicht nur dem Unterricht, sie ist auch Auskunftsstelle und Forschungsanstalt. An das handelswissenschaftliche Seminar, an das Welthandelsarchiv, an das chemische und physikalische Institut gelangen fortgesetzt Anfragen, die bereitwillig beantwortet werden. Aus den Seminaren und Instituten der Hochschule gehen Arbeiten hervor, die die Wissenschaft bereichern.

Die zur Auslandshochschule erweiterte Handelshochschule wird sich im gleichen Sinne betätigen können[2]). In den verschie-

[1]) Siehe S. 96.

[2]) Siehe S. 97—98.

denen Auslandsinstituten wird man jedem, der ernstes Interesse bekundet, seine Anfragen beantworten und die Bibliothek, das Archiv sowie die technologische Sammlung zur Verfügung stellen. Ganz besonders aber wird man denjenigen auf jede Weise unterstützen, der durch wissenschaftliche Forschung die Kenntnis eines Erdgebietes zu fördern bestrebt ist. Vielleicht wird es nicht übel sein, diese Pflichten der Institute im Dienste der Öffentlichkeit in ihren Satzungen zum Ausdruck zu bringen.

4. Die Kosten der Handelshochschule werden sich nach ihrem Ausbau zur Auslandshochschule bedeutend erhöhen.

Die für die Handelshochschule erforderlichen Aufwendungen werden zu einem erheblichen Teil aus ihren Einnahmen bestritten, immerhin leistet die Korporation der Kaufmannschaft, wenn man die Verzinsung der Gebäude mit einrechnet, für die Handelshochschule gegenwärtig einen jährlichen Zuschuß von etwa 190 000 Mk. Bei einem Ausbau der Handelshochschule zur Auslandshochschule, bei welchem der allgemeinwissenschaftliche Unterbau die erforderliche Ergänzung erführe und zunächst sieben Auslandsinstitute angegliedert würden, dürften sich diese Kosten etwa um 100 000 Mk. erhöhen.

Für Räume freilich wird im Anfang nichts aufzuwenden sein. Die Handelshochschule Berlin fängt allerdings infolge ihrer Entwicklung jetzt schon an, sich in ihrem Gebäude beengt zu fühlen, aber es mangelt hauptsächlich an großen Hörsälen, die für die Auslandsinstitute besonders in Betracht kommenden kleineren Räume sind in genügender Anzahl vorhanden. Sollte aber die Hochschule nach ihrem Ausbau zur Auslandshochschule einen solchen Aufschwung nehmen, daß die vorhandenen Räume nicht mehr genügten, so werden sich weitere Räume gewinnen lassen. Die Korporation der Kaufmannschaft hat auf ihrem Grundstück, auf welchem bei einander die Börse und die Handelshochschule stehen, eine Anzahl von Räumen vermietet, die unmittelbar neben der Handelshochschule liegen. Bei einem großen Aufschwung der Hochschule wird man diese Räume für sie verwenden können, und die vermehrten Studiengelder werden in diesem Falle Ersatz für den Ausfall an Mietzinsen geben.

Auch durch die zu den einzelnen Auslandsinstituten gehörigen Bibliotheken und Archive und die später vielleicht hinzutretenden technologischen Sammlungen werden keine großen Ausgaben erwachsen. Man wird allerdings jährlich einen gewissen Betrag für Bücher und Karten aufzuwenden haben, aber auch stark mit freiwilligen Zuwendungen rechnen dürfen. Nicht nur die mit einem bestimmten Erdgebiete in Beziehung stehenden Firmen werden freiwillig Material über dieses Erdgebiet beisteuern, sondern auch fremde Regierungen werden im eigensten Interesse ihre amtlichen Veröffentlichungen unentgeltlich liefern. Für die Leitung und Ordnung der Bibliotheken, Archive und Sammlungen wird man keinerlei nennenswerte Aufwendungen zu machen brauchen. Wie dies jetzt z. B. im juristischen und volkswirtschaftlichen Seminar der Handelshochschule geschieht, so werden auch in den Auslandsinstituten diese Arbeiten von den Leitern der Institute mit Hilfe von Studierenden besorgt werden. Sollte in späterer Zeit bei einem starken Anwachsen der Institute dies nicht mehr möglich sein, so werden sich zugleich mit der Notwendigkeit zur Anstellung von Hilfskräften durch den Zuwachs an Studiengeldern auch die erforderlichen Mittel finden. Man wird nicht fehlgehen, wenn man bei einer anfänglichen Anzahl von sieben Instituten die Kosten der Bibliotheken und Archive auf höchstens 15 000 Mk. jährlich veranschlagt.

Die Hauptausgabe für den Ausbau der Handelshochschule zur Auslandshochschule wird in den Gehältern der Dozenten und Lektoren bestehen. Bei der Berechnung ist zu berücksichtigen, daß für jedes Auslandsinstitut nur ein Dozent anzustellen ist und daß die Handelshochschule bereits einen hauptamtlichen Dozenten für englische Sprache und Kultur hat, sowie daß zu den bereits vorhandenen Lektoren nur ein Lektor für arabisch und ein solcher für chinesisch hinzuzukommen brauchen. Bei dieser Sachlage wird man die durch den allgemeinwissenschaftlichen Unterbau der Auslandshochschule geforderte Ergänzung des Lehrkörpers mit 10 000 Mk., die durch die sieben Auslandsinstitute erforderliche mit 65 000 Mk. jährlich bestreiten können. Bei einer günstigen Entwicklung der Auslandshochschule werden freilich später die Aufwendungen wachsen, aber in diesem Falle werden die gesteigerten Kosten in Mehreinnahmen ihre Deckung finden.

Der Ausbau der Handelshochschule Berlin zur Auslandshochschule würde, wenn man zu den angeführten Ausgaben noch jährlich 10 000 Mk. für Unvorhergesehenes hinzurechnet, einen Jahresaufwand von 100 000 Mk. erfordern. Später brauchen sich diese Kosten nicht zu erhöhen, da man ja in der Lage ist, die Erweiterung der Auslandshochschule nach ihrem Besuch zu richten und Mehrausgaben nur in dem Maße zu machen, in welchem die Mehreinnahmen aus den Studiengeldern dies gestatten. Anderseits wird man freilich auch auf keine Verringerung der Kosten rechnen dürfen: eine Hochschule ist kein wirtschaftliches Unternehmen, und es muß eine Ehrenpflicht der Auslandshochschule sein, die Mehreinnahmen, die sie durch ihre Leistungen erzielt, zur Vervollkommnung dieser Leistungen zu verwenden.

Rückblick und Ausblick.

Durch das Vorstehende haben hoffentlich die Gedanken bestimmtere Gestalt gewonnen, die bereits meinem Aufsatz in der Kölnischen Zeitung zu grunde liegen: daß wir eine Auslandshochschule brauchen, daß sie aus einem allgemeinwissenschaftlichen Unterbau und aus Auslandsinstituten für die wichtigsten Erdgebiete bestehen muß, wie sie im einzelnen beschaffen sein muß und wie sie am einfachsten verwirklicht werden kann.

Wenn die starke Strömung, die sich gegenwärtig im deutschen Volke zu gunsten einer Auslandshochschule geltend macht, bisher nicht zu greifbaren Ergebnissen geführt hat, so liegt das vielleicht daran, daß die an sich so wertvollen Vorschläge kein hinreichend bestimmtes Bild von dem gaben, was geschaffen werden soll. Deshalb ist es mir besonders wichtig gewesen, nicht nur die Notwendigkeit der Auslandshochschule darzutun, sondern auch für sie ein aus klaren Organisationsgedanken geborenes Programm aufzustellen.

Ob meine Vorschläge Verwirklichung finden werden oder nicht, wird zunächst abhängen von der Korporation der Kaufmannschaft von Berlin. Ihre finanziellen Kräfte sind nicht gering, das hat die Schaffung der Handelshochschule Berlin gezeigt. Geht die Ausgestaltung der Handelshochschule zur Auslandshochschule über diese Kräfte hinaus, so werden sich Formen finden lassen, die ein Zusammenwirken der Korporation mit anderen kaufmännischen Kreisen ermöglichen werden.

Aber auch wenn die Korporation der Kaufmannschaft, zum großen Schaden der Handelshochschule Berlin, vor ihrem Ausbau zurückschrecken sollte, meine Vorschläge werden darum nicht erledigt sein. Die deutsche Auslandshochschule, wie ich ihre Organisation skizziert habe, läßt sich am leichtesten im Anschluß an die Handelshochschule Berlin schaffen, aber sie läßt sich auch selbständig schaffen. Die Männer sind da, die sich mit Begeisterung in ihren Dienst stellen werden, und die nötigen Mittel werden sich auch aufbringen lassen. Denn der deutsche Kaufmannsstand weiß, daß die Auslandshochschule als ein Werkzeug zur wirtschaftlichen Eroberung der Welt eine nationale Angelegenheit ersten Ranges ist.

MIX
Papier | Fördert gute Waldnutzung
FSC® C083411

Kolibri 360 GmbH
Ferdinand-Jühlke-Straße 7
99095 Erfurt, Deutschland
produktsicherheit@kolibri360.de